Wissenschaftliche Taschenbücher

Mathematik · Physik

Mechanik der Kontinua

WTB Wissenschaftliche Taschenbücher

Eine Auswahl lieferbarer Bände:

HEINRICH ARNOLD
Physikalische Chemie der Halbleiter

JOACHIM AUTH / DIETMAR GENZOW
KLAUS H. HERRMANN
Photoelektrische Erscheinungen

HANS BANDEMER
ANDREAS BELLMANN
WOLFHART JUNG / KLAUS RICHTER
Optimale Versuchsplanung

FRANK BEICHELT
Prophylaktische Erneuerung von Systemen

JOACHIM BELLACH / PETER FRANKEN
ELKE WARMUTH / WALTER WARMUTH
Maß, Integral und bedingter Erwartungswert

WOLFRAM BRAUER
HANS-WALDEMAR STREITWOLF
Theoretische Grundlagen der Halbleiterphysik

SIEGFRIED BREHMER
Einführung in die Maßtheorie

SIEGFRIED BREHMER
Hilbert-Räume und Spektralmaße

JOHN CUNNINGHAM
Vektoren

GEORG DAUTCOURT
Relativistische Astrophysik

K. CH. DELOKAROV
Relativitätstheorie und Materialismus

HANNELORE FISCHER
JOACHIM PIEHLER
Modellsysteme der Operationsforschung

GOTTFRIED FRITZSCHE
Grundlagen und Entwurf passiver Analogzweipole
Netzwerke I

Entwurf passiver Analogvierpole
Netzwerke II

Entwurf aktiver Analogsysteme
Netzwerke III

HERBERT GOERING
Asymptotische Methoden zur Lösung von Differentialgleichungen

HERBERT GOERING
Elementare Methoden zur Lösung von Differentialgleichungsproblemen

EDUARD HERLT / NIKOLAUS SALIÉ
Spezielle Relativitätstheorie

HELMUT HESS
Der elektrische Durchschlag in Gasen

V. I. KARPMAN
Nichtlineare Wellen in dispersiven Medien

ULRICH KAUSMANN
KLAUS LOMMATZSCH
FRANTIŠEK NOŽIČKA
Lineare parametrische Optimierung

A. R. KESSEL
Akustische Kernresonanz

DIETER KRESS
Theoretische Grundlagen der Signal- und Informationsübertragung

Dieter Leuschner
Grundbegriffe der Thermodynamik

V. S. Letochow
Laserspektroskopie

Dierck-Ekkehard Liebscher
Relativitätstheorie mit Zirkel und Lineal

Wolfgang Meiling
Digitalrechner in der elektronischen Meßtechnik
Teil 1: Meßmethodik
Teil 2: Gerätetechnik und Anwendungen

L. I. Miroschnitschenko
Kosmische Strahlung im interplanetaren Raum

Peter Paufler
Gustav E. R. Schulze
Physikalische Grundlagen mechanischer Festkörpereigenschaften
Teil I und II

Ulrich Röseberg
Quantenmechanik und Philosophie

Albrecht Rost
Messung dielektrischer Stoffeigenschaften

J. V. Sačkov
Wahrscheinlichkeit und Struktur

E. M. Sawizki
Perspektiven der Metallforschung

Wolfgang Schäfer
Theoretische Grundlagen der Stabilität technischer Systeme

Ernst Schmutzer
Symmetrien und Erhaltungssätze der Physik

Volkmar Schuricht
Kernexplosionen für friedliche Zwecke

Volkmar Schuricht
Fusionsreaktoren und Umwelt

Hubertus Stolz
Supraleitung

Gerhard Wunsch
Zellulare Systeme

Festkörperphysik
Entwicklungstendenzen und Anwendungsmöglichkeiten

Hans-Georg Schöpf
Von Kirchhoff bis Planck

Renate Wahsner
Mensch und Kosmos
Die copernicanische Wende

Helmut Friemel / Josef Brock
Grundlagen der Immunologie

Eberhard Hofmann
Funktionelle Biochemie des Menschen
Band 1 und 2

Lothar Jäger
Grundlagen der Klinischen Immunologie

Karlheinz Lohs
Dieter Martinetz
Entgiftung – Mittel, Methoden und Probleme

Joachim Nitschmann
Entwicklung bei Mensch und Tier

Stephan Schnitzler
Pharmakologische Aspekte von Immunreaktionen

Dieter Spaar
Helmut Kleinhempel
Hans Joachim Müller
Klaus Naumann
Bakteriosen der Kulturpflanzen

Eberhard Teuscher
Pharmakognosie
Teil I–III

MICHAEL THEILE
SIEGFRIED SCHERNECK
Zellgenetik

HEINRICH BREMER
KLAUS-PETER WENDLANDT
Heterogene Katalyse

PETER BIRNER
HANS-JÖRG HOFMANN
CORNELIUS WEISS
MO-theoretische Methoden in der organischen Chemie

WERNER DÖPKE
Dynamische Aspekte der Stereochemie organischer Verbindungen

GÜNTER EPPERT
Einführung in die Schnelle Flüssigchromatographie

GERHARD GEISELER / HEINZ SEIDEL
Die Wasserstoffbrückenbindung

FALKO H. HERRMANN
MARTINA CH. HERRMANN
Das Hämoglobin des Menschen

HELMUT HRAPIA
Einführung in die Chromatographie

HANS LUPPA
Grundlagen der Histochemie
Teil I und II

HASSO MEINERT
Fluorchemie

DIETER ONKEN
Antibiotika – Chemie und Anwendung

KURT SCHWABE
pH-Messung

Vorschau auf die nächsten Bände:

KLAUS BUDDE / HELMUT BULLE
HELMUT RÜCKAUF
Stöchiometrie chemisch-technologischer Prozesse

KLAUS DITTRICH
Atomabsorptionsspektroskopie

ERNST-JOACHIM DONTH
Glasübergang

GOTTFRIED FRITZSCHE
Zeitdiskrete und digitale Systeme
Netzwerke IV

NINA HAGER
Modelle in der Physik

KARL LANIUS
Physik der Elementarteilchen

PETER PAUFLER
Phasendiagramme

ROBERT ROMPE
HANS-JÜRGEN TREDER
Über die Einheit der exakten Wissenschaften

S. SAKATA / M. TAKETANI
Philosophische und methodologische Probleme der Physik

ERNST SCHMITZ
Organische Zwischenprodukte

WERNER STOLZ
REINHOLD BERNHARDT
Dosimetrie ionisierender Strahlung

WTB

BAND 182

Martin Heinrich
Heinz Ulbricht

Mechanik der Kontinua

Mit 57 Abbildungen und 1 Tabelle

AKADEMIE-VERLAG · BERLIN

Reihe MATHEMATIK UND PHYSIK

Verfasser:

Dr.-Ing. Martin Heinrich
VEB Schiffselektronik Rostock

Prof. Dr. sc. nat. Heinz Ulbricht
Wilhelm-Pieck-Universität Rostock

1981
Erschienen im Akademie-Verlag,
DDR-1080 Berlin, Leipziger Str. 3—4
Lektor: Dipl.-Phys. Ursula Heilmann

Lizenznummer: 202 · 100/430/81
Gesamtherstellung: VEB Druckhaus „Maxim Gorki“,
7400 Altenburg
Bestellnummer: 762 797 8 (7182) · LSV 1114
Printed in GDR
DDR 8,— M
ISSN 0084-098X

Vorwort

Mit der vorliegenden knappen Darstellung der Mechanik der Kontinua soll Theoretikern, in der Praxis Tätigen, aber auch interessierten Studenten ein möglichst informativer Leitfaden dieses vielseitigen Gebietes der Physik zur Verfügung gestellt werden. Wegen der im Rahmen eines Taschenbuches gebotenen Kürze kann jedoch nur auf die wichtigsten Grundlagen der linearen Elastizitätstheorie isotroper Stoffe sowie der Strömungsmechanik von Flüssigkeiten und Gasen eingegangen werden.

Die Mechanik der Kontinua wird im Gesamtgebiet der Physik als ein einheitlicher Stoffkomplex angesehen. Ihre Anwendungen sind aber so vielfältig, daß es im Bereich der technischen Wissenschaften zahlreiche Zweige gibt, die weitgehend auf ihr beruhen — so die Festigkeitslehre, die Gasdynamik, die technische Akustik und die Propellertheorie, um nur einige Beispiele zu nennen. Für entsprechende weiterführende Studien und Anwendungen stehen umfangreichere Spezialwerke zur Verfügung, auf die an den jeweiligen Textstellen verwiesen wird.

Bekanntlich fällt der Übergang vom mathematischen Formalismus zur konkreten Anwendung oder umgekehrt oft nicht leicht. Ein Anliegen des vorliegenden Büchleins besteht deshalb darin, durch spezifische Beispiele eine Brücke zwischen der erforderlichen mathematisch-physikalischen Theorie und den technisch orientierten Problemen der Praxis zu schlagen. Dabei werden die notwendigen mathematischen Hilfsmittel, insbesondere die Vektor- und Tensorrechnung, die Funktionentheorie sowie partielle und gewöhnliche Differentialgleichungen als bekannt vorausgesetzt.

Um die einheitliche Basis der Kontinuumsmechanik zu demonstrieren, werden in den ersten drei Kapiteln die Grundlagen der Elastizitäts- und Strömungstheorie mit Hilfe eines einheitlichen Kalküls entwickelt. Diese rationelle Darstellung gestattet in den Kap. 4 und 5 den unmittelbaren Übergang zu konkreten Anwendungen der Elastizitäts- und Strömungsmechanik. Schwerpunkte bilden dabei in der Elastomechanik die Biegung, Wellen in elastischen Medien und Schwingerketten, während in der Strömungsmechanik breiterer Raum der ebenen und räumlichen Potentialströmung sowie speziellen Problemen der reibenden Strömung, insbesondere den Ähnlichkeitsgesetzen und Sickerströmungen gewidmet wird.

Bewußt wird der Hydro- und Aerodynamik mehr Raum gegeben als der Elastomechanik, dies vor allem, um den in den letzten Jahren zu bemerkenden umgekehrten Zustand etwas zu kompensieren. Der vorgegebene Umfang des Buches zwang u. a. schließlich zum Verzicht auf die Darstellung solch interessanter und wichtiger Fragen wie der Turbulenz und Kapillarität, der Magnetohydrodynamik, sowie der Bewegung von Gasen bei chemischen Reaktionen.

Abschließend sei bemerkt, daß das vorliegende Taschenbuch auf der Grundlage von Kurs- und Spezialvorlesungen entstanden ist, die von den Verfassern in den zurückliegenden 15 Jahren gehalten wurden, wobei Erfahrungen aus der Sicht des Hochschullehrers und die technisch-physikalischen Aspekte des Industriephysikers gleichermaßen eingeflossen sind.

Frau Prof. Dr. K. Herrmann danken wir für kritische Hinweise und Frau Dipl.-Phys. U. Heilmann für die gute Zusammenarbeit mit dem Verlag.

Dank schulden wir auch Frau H. Bahlo für das rasche und sorgfältige Schreiben des Manuskriptes.

Heinz Ulbricht Martin Heinrich

Inhaltsverzeichnis

1. Einführung

1.1. *Das Modell des Kontinuums*

Ein *Kontinuum* kann durch verschiedene physikalische Größen charakterisiert werden, die stetige Funktionen des Ortes und der Zeit sein können. Erwähnt seien hier die *Dichte*

$$\varrho = \varrho(x_1, x_2, x_3, t) = \lim_{\Delta V \to 0} \frac{\Delta m}{\Delta V},$$

die *Geschwindigkeit*

$$\boldsymbol{v} = \boldsymbol{v}(x_1, x_2, x_3, t) = \frac{\mathrm{d}\boldsymbol{r}}{\mathrm{d}t},$$

der *Verschiebungsvektor*

$$\boldsymbol{u} = \boldsymbol{u}(x_1, x_2, x_3, t)$$

und der *Druck*

$$p = p(x_1, x_2, x_3, t).$$

Es gibt eine Fülle physikalischer und technischer Aufgabenstellungen, die mit Hilfe des Kontinuummodells gelöst werden können. Die heute weit entwickelten technischen Disziplinen Festigkeits- und Strömungslehre basieren letztendlich auf diesem Modell.

Andererseits sind die Grenzen einer auf dieser Basis beruhenden Mechanik offensichtlich, sobald die atomare Struktur der stofflichen Materie nicht außer acht gelassen werden darf. Das heißt, wir müssen uns auf solche Vorgänge beschränken, bei denen die Abmessungen der in Betracht gezogenen bewegten oder deformierten Körper sehr groß gegenüber den Ausdehnungen und Abständen einander benachbarter Moleküle sind.

Eine weitere wesentliche Eigenschaft des Kontinuummodells ist die Verschiebbarkeit einzelner Teilbereiche gegeneinander. Darin besteht der prinzipielle Unterschied zum Modell des starren Körpers. Letzterer besitzt bekanntlich im allgemeinsten Falle seiner Bewegung 6 Freiheitsgrade. Ein Kontinuum im Sinne unserer Begriffsbestimmung ist demgegenüber als ein System mit *unendlich vielen Freiheitsgraden* aufzufassen.

1.2. Grundlegende Begriffe

Es ist zweckmäßig, die auftretenden Kräfte nach der Art ihrer Wirkung in *Oberflächen-* und *Volumenkräfte* zu unterteilen. Oberflächenkräfte werden durch Druck oder Reibung übertragen, während Volumenkräfte durch Feldwirkungen, wie z. B. bei Gravitation und Zentrifugalkraft, ausgeübt werden.

Für Oberflächenkräfte wird durch die Flächendichte der Kraft der *Spannungsvektor*

$$\mathbf{s} = \frac{\mathrm{d}\boldsymbol{F}}{\mathrm{d}A}, \quad [\mathbf{s}] = \mathrm{Nm}^{-2}, \tag{1.1}$$

definiert, während für Volumenkräfte die *Volumendichte der Kraft*

$$\boldsymbol{f} = \frac{\mathrm{d}\boldsymbol{F}}{\mathrm{d}V}, \quad [\boldsymbol{f}] = \mathrm{Nm}^{-3}, \tag{1.2}$$

charakteristisch ist.

Der Spannungsvektor $\mathbf{s}$ kann gemäß Abb. 1.1 in eine Tangential- und Normalkomponente zerlegt werden,

$$\mathbf{s} = \begin{pmatrix} \tau_n \\ \tau_t \end{pmatrix} \quad \begin{array}{l} \tau_n\text{: } \textit{Normalspannung} \\ \tau_t\text{: } \textit{Tangential-}\text{ oder } \textit{Schubspannung.} \end{array} \tag{1.3}$$

Wir verabreden die *Vorzeichenkonvention*: τ_n wird positiv in das Äußere des betrachteten Volumens gezählt, und es gelten die Bezeichnungen

$$\begin{aligned} &\text{Zugspannungen für } \tau_n > 0 \text{ und} \\ &\text{Drücke} \qquad\qquad \text{für } \tau_n < 0 . \end{aligned} \tag{1.4}$$

Flächenhaft verteilte Kräfte sind unseren Anschauungen und Empfindungen unmittelbar zugänglich, wenn wir an das Zusammendrücken eines Körpers denken.

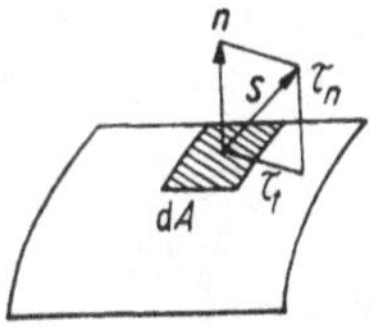

Abb. 1.1. Der Spannungsvektor

Durch die Oberfläche übertragene Kräfte pflanzen sich im Innern eines Körpers fort. Man sagt, der Körper steht unter inneren Spannungen, deren Analyse anhand des *Eulerschen Schnittprinzips* erfolgen kann. Zu seiner näheren Erläuterung betrachten wir einen Stab, der durch die Kräfte $\boldsymbol{F}_A$ und $\boldsymbol{F}_B$ auf Zug beansprucht wird (vgl. Abb. 1.2). Aus dem Kontinuum des Stabes wird

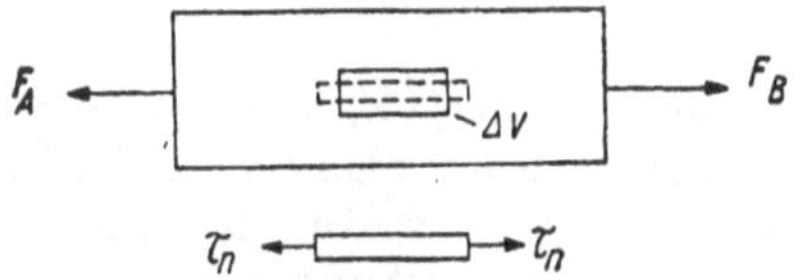

Abb. 1.2. Zum EULERschen Schnittprinzip

jetzt ein Volumenelement ΔV herausgeschnitten, an dessen „freigelegten" Oberflächenelementen Spannungsvektoren angebracht werden, die die gleiche Wirkung wie die abgetrennte Umgebung ausüben. Diese Spannungen gehen dann in die Gleichgewichtsbedingungen bzw.

Bewegungsgleichungen für ein solches Volumenelement ein. Mit Hilfe dieser in der Kontinuumsmechanik ausgiebig praktizierten Methode gewinnen wir die notwendigen Kenntnisse über tiefere Zusammenhänge und gelangen zu praktischen Berechnungsverfahren.

Weiter legen wir entsprechend Abb. 1.3 die *Indexkonvention* für τ_{ik} nach folgendem Schema fest:

τ_{ik} erster Index i: Schnitt senkrecht zur Achse i

zweiter Index k: Komponente parallel zur Achse k

Daraus folgt unmittelbar

$$\tau_{ik} \text{ ist eine } \begin{cases} \textit{Normalspannung für } i = k \\ \textit{Schubspannung für } \; i \neq k\,. \end{cases}$$

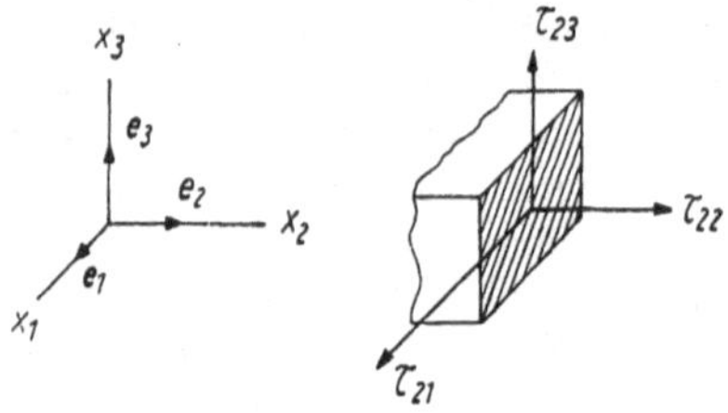

Abb. 1.3. Die Indexkonvention

Die Spannungszustände und Kräfte, die in einem Kontinuum wirksam sind, haben im allgemeinen Formänderungen und Bewegungen zur Folge. Die elementaren Zusammenhänge zwischen Beanspruchungen einerseits und Formänderungen andererseits werden durch die elastischen Konstanten und die Zähigkeit ausgedrückt.

In Tabelle 1 sind die im folgenden benutzten elastischen Konstanten und die Zähigkeit zusammengestellt. Eine *lineare* Elastizitätstheorie für isotrope Medien erfordert nur zwei elastische Konstanten, so daß G, E und μ durch eine entsprechende Gleichung miteinander

Tabelle 1.1

Benennung	Belastungsfall	Deformations- bzw. Bewegungszustand	Definitionsgleichung/ Maßeinheit
Elastizitätsmodul E		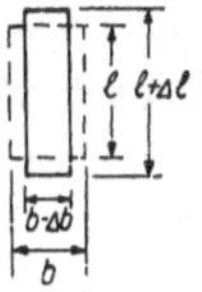	$\varepsilon_L = \frac{\Delta l}{l} = \frac{1}{E}\tau_n$ (1.5) $[E] = \mathrm{Nm^{-2}}$ $\mathrm{kg\,m^{-1}\,s^{-2}}$
Poisson-Zahl μ	wie oben		$\mu = \left\lvert\frac{\Delta b/b}{\Delta l/l}\right\rvert = \left\lvert\frac{\varepsilon_b}{\varepsilon_L}\right\rvert$ (1.6) $\varepsilon_b = \frac{\Delta b}{b} = -\frac{\mu}{E}\tau_n$ $[\mu] = 1$
Schubmodul G	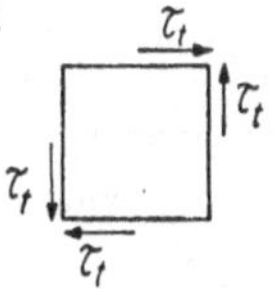	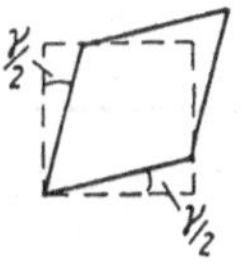	$\gamma = \frac{\tau_t}{G}$ (1.7) $[G] = \mathrm{Nm^{-2}}$
dynamische Viskosität η	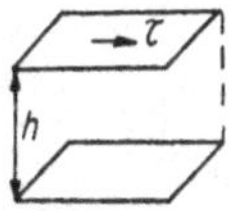	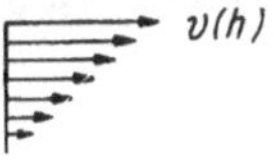	$\tau = \eta\frac{v}{h} = \eta\frac{\mathrm{d}\gamma}{\mathrm{d}t}$ (1.8) $[\eta] = \mathrm{kg\,m^{-1}\,s^{-1}}$

verknüpft sein müssen. In isotropen Stoffen sind E, μ, G und η richtungsunabhängig.

Die in Tab. 1 definierten Charakteristika der Formänderung, die *Dehnung* ε und der *Schubwinkel* γ, stehen in einem bestimmten Zusammenhang mit den Verschiebungen in einem Kontinuum. Zur Herleitung dieses Zusammenhanges stellen wir uns einen Körper vor, der durch entsprechende Kräfte deformiert sei (vgl. Abb. 1.4). Wir legen in den Körper ein Koordinatensystem, welches durch die Einheitsvektoren $\boldsymbol{e}_i$, $\boldsymbol{e}_j$, $\boldsymbol{e}_k$ aufgespannt ist, und betrachten die gegenseitige Verschiebung zweier Markierungen auf der Achse x_i. Die Markierungen sollen vor der Deformation den Punkten $P(x_i^{(1)})$ und $Q(x_i^{(2)})$ entsprechen. Wir nehmen zunächst der Einfachheit halber an, daß nur eine Dehnung längs der Achse x_i eintritt. Infolge der Deformation wandern die Punkte nach P' bzw. Q', sie unterliegen dabei den Verschiebungen $u_i^{(1)}$ und $u_i^{(2)}$.

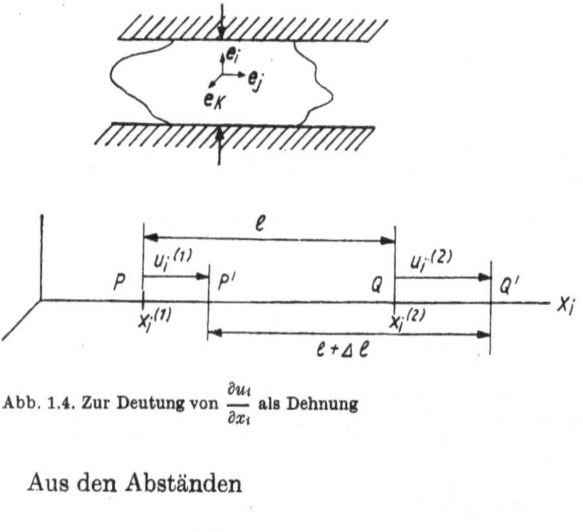

Abb. 1.4. Zur Deutung von $\frac{\partial u_i}{\partial x_i}$ als Dehnung

Aus den Abständen

$$\overline{PQ} = x_i^{(2)} - x_i^{(1)} = l$$

vor und

$$\overline{P'Q'} = x_i^{(2)} + u_i^{(2)} - (x_i^{(1)} + u_i^{(1)}) = l + \Delta l$$

nach der Deformation resultiert die *relative Längenänderung*

$$\frac{\Delta l}{l} = \frac{u_i^{(2)} - u_i^{(1)}}{x_i^{(2)} - x_i^{(1)}}. \tag{1.9}$$

Für die *Dehnung* ergibt sich dann nach (1.5)

$$\varepsilon_{ii} = \lim_{x_i^{(2)} \to x_i^{(1)}} \frac{u_i^{(2)} - u_i^{(1)}}{x_i^{(2)} - x_i^{(1)}} = \frac{\partial u_i}{\partial x_i}. \tag{1.10}$$

Ähnlich folgt aus Abb. 1.5 der Zusammenhang zwischen *Gleitung* oder *Scherung* und der Verschiebung

$$\tan \gamma_1 = \frac{\partial u_k}{\partial x_i} \approx \gamma_1, \tag{1.11a}$$

$$\tan \gamma_2 = \frac{\partial u_i}{\partial x_k} \approx \gamma_2. \tag{1.11b}$$

Für die Scherung erhalten wir damit

$$\gamma_{ik} = \gamma_1 + \gamma_2 = \frac{\partial u_i}{\partial x_k} + \frac{\partial u_k}{\partial x_i}. \tag{1.12}$$

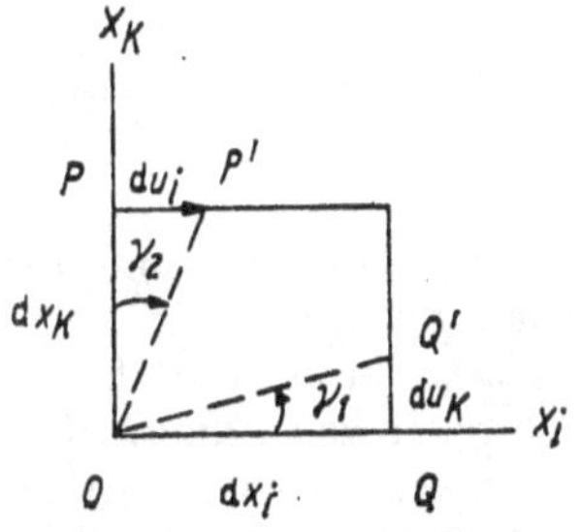

Abb. 1.5. Zur Deutung von $\frac{\partial u_i}{\partial x_k}$ als Scherung

Die Deformation besteht hier also in der Änderung des ursprünglich rechten Winkels.

Die Formeln (1.10) und (1.12) stellen den gesuchten Zusammenhang zwischen den Deformationsgrößen ε_{ii}, γ_{ik} und den Verschiebungskomponenten u_i, u_k dar. Es ist

$$\frac{\partial u_i}{\partial x_k} \text{ eine} \left\{ \begin{array}{ll} \text{Dehnung für} & i = k \\ \text{Winkeländerung für} & i \neq k. \end{array} \right. \tag{1.13}$$

In den folgenden drei Anwendungsbeispielen soll der Umgang mit den bisher dargebrachten Begriffen und Beziehungen näher erläutert werden, wobei der Zusammenhang mit einigen technischen Aspekten besonders betont wird.

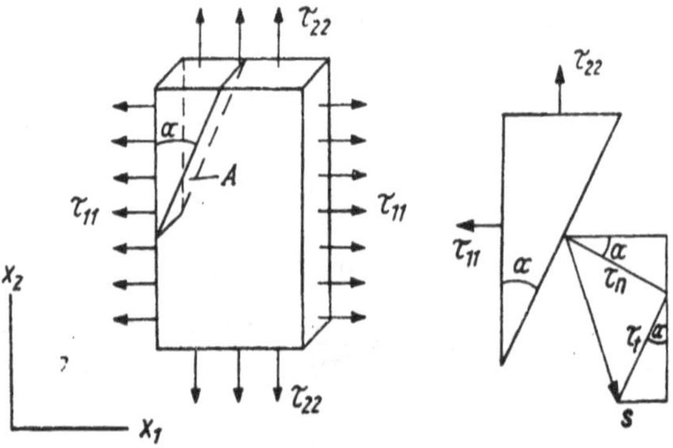

Abb. 1.6. Belastung einer Rechteckplatte durch einen zweiachsigen Spannungszustand

Im ersten Beispiel werden die tangentiale und die normale Komponente des Spannungsvektors **s** in einem schrägen Schnitt einer zweiachsig belasteten Platte ermittelt (vgl. Abb. 1.6); d. h. gegeben seien die Größen τ_{11}, τ_{22}, α und gesucht werden τ_n, τ_t. Aus den Gleichgewichtsbedingungen der Kräfte folgen unmittelbar für die Achsrichtung 1

$$-\tau_{11}A\cos\alpha + \tau_n A\cos\alpha - \tau_t A\sin\alpha = 0 \quad (1.14)$$

und für die Richtung 2

$$\tau_{22}A\sin\alpha - \tau_n A\sin\alpha - \tau_t A\cos\alpha = 0 \quad (1.15)$$

bzw.

$$\tau_n(\alpha) = \tau_{11}\cos^2\alpha + \tau_{22}\sin^2\alpha \quad (1.16)$$

$$\tau_t(\alpha) = -(\tau_{11} - \tau_{22})\sin\alpha\cdot\cos\alpha\,. \quad (1.17)$$

Derartige Zerlegungen sind für die experimentelle Spannungsanalyse von Bedeutung, wenn beispielsweise die *Dehnungsmeßvorrichtung* (etwa ein geklebter *Dehnungsmeßstreifen*) um den Winkel α gegen die gewünschte Meßrichtung längs der x_1-Achse geneigt ist. In diesem Falle wird statt

$$\varepsilon_{11} = \frac{1}{E}\left[\tau_{11} - \mu\tau_{22}\right] \tag{1.18}$$

die Dehnung

$$\varepsilon(\alpha) = \frac{1}{E}\left[\tau_n(\alpha) - \mu\tau_n\left(\alpha + \frac{\pi}{2}\right)\right] \tag{1.19}$$

gemessen. Mit Hilfe von Formel (1.16) folgt dann der Zusammenhang

$$\varepsilon(\alpha) = \frac{1}{E}\left[(\cos^2\alpha - \mu\sin^2\alpha)\,\tau_{11} - \mu\left(\cos^2\alpha - \frac{1}{\mu}\sin^2\alpha\right)\tau_{22}\right]. \tag{1.20}$$

Das zweite Beispiel soll der Ableitung des Zusammenhanges zwischen den *elastischen Konstanten* E, G und μ dienen. Wir betrachten ähnlich wie beim vorhergehenden Beispiel eine zweiachsig belastete quadratische Platte (vgl. Abb. 1.7), wobei

$$\tau_{11} = -\tau_{22}, \quad \tau_{22} > 0, \quad \tau_{11} < 0 \tag{1.21}$$

gelten soll. Innerhalb der Platte sei ein quadratischer Ausschnitt mit den Eckpunkten $ABCD$ markiert, der durch die Belastung zu einem Rhombus $A'B'C'D'$ deformiert wird. Diese Deformation läßt sich sowohl durch Normalspannungen verursachte Dehnungen als auch durch Schubspannungen bewirkte Scherungen in den Schnittflächen des Ausschnittes $ABCD$ erklären.

Wegen $\alpha = \frac{\pi}{4}$ folgen aus (1.16) und (1.17) sowie unter Berücksichtigung von (1.21)

$$\tau_n = 0, \quad \tau_t = \tau_{22}. \tag{1.22}$$

Aus Abb. 1.7 liest man ab

$$\tan\left(\frac{\pi}{4} + \frac{\gamma}{2}\right) = \frac{1 + \tan\frac{\gamma}{2}}{1 - \tan\frac{\gamma}{2}} = \frac{l(1 + \varepsilon_{22})}{l(1 + \varepsilon_{11})} \tag{1.23}$$

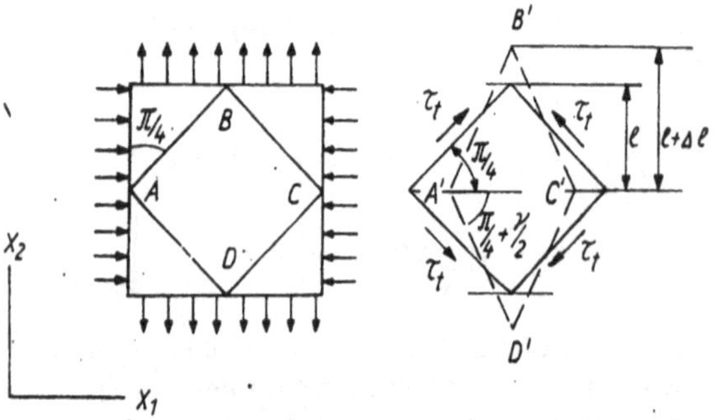

Abb. 1.7. Angenommener Belastungsfall zur Herleitung der Beziehungen zwischen den elastischen Konstanten

und nach (1.18) und (1.21) wird

$$\varepsilon_{22} = -\varepsilon_{11} = \frac{1}{E}\left[\tau_{22} - \mu\tau_{11}\right] = \frac{\tau_{22}}{E}(1 + \mu). \tag{1.24}$$

Die Beschränkung auf kleine Deformationen gestattet

$$\tan\frac{\gamma}{2} \approx \frac{\gamma}{2} \tag{1.25}$$

und bei Beachtung von (1.23)

$$\frac{\gamma}{2} \approx \varepsilon_{22} \tag{1.26}$$

zu setzen. Aus (1.7) folgt

$$\frac{\tau_t}{2G} = \frac{\gamma}{2} = \varepsilon_{22} = \frac{\tau_{22}}{E}(1 + \mu), \tag{1.27}$$

und mit (1.22) ergibt sich die gesuchte Beziehung zwischen E, G und μ

$$\frac{1}{2G} = \frac{1}{E}(1 + \mu). \tag{1.28}$$

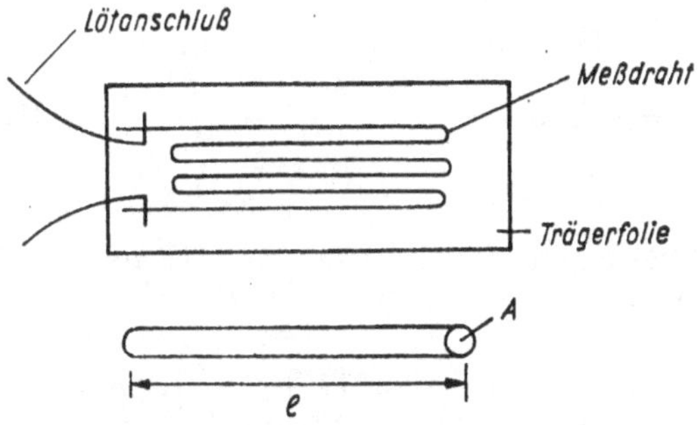

Abb. 1.8. Schematische Darstellung eines Dehnungsmeßstreifens aus Metalldraht

Im dritten Beispiel soll schließlich das Prinzip des bereits erwähnten *Dehnungsmeßstreifens* etwas ausführlicher dargestellt werden.

Bei den häufig zur experimentellen Bestimmung von Dehnungen benutzten Dehnungsmeßstreifen handelt es sich um speziell präparierte Leiter oder Halbleiter, die auf die vorgesehene Meßstelle geklebt werden (vgl. Abb. 1.8). Die durch die Dehnung verursachte Änderung des elektrischen Widerstandes wird dabei meßtechnisch erfaßt und ausgewertet.

Besitzt das verwendete Drahtmaterial den spezifischen Widerstand $\varrho[\Omega \cdot \mathrm{m}]$, so beträgt der elektrische Widerstand des Drahtes

$$R = R(\varrho, l, A) = \varrho \frac{l}{A}, \tag{1.29}$$

und für eine kleine Widerstandsänderung ΔR gilt

$$\Delta R = \frac{\partial R}{\partial \varrho} \Delta\varrho + \frac{\partial R}{\partial A} \Delta A + \frac{\partial R}{\partial l} \Delta l. \tag{1.30}$$

Als Maß für die Empfindlichkeit eines Dehnungsmeßstreifens wird das Verhältnis der relativen Widerstandsänderung zur relativen Längenänderung, der sogenannte *K-Faktor* benutzt

$$K = \frac{\frac{\Delta R}{R}}{\frac{\Delta l}{l}} = \frac{\frac{\Delta R}{R}}{\varepsilon} = \frac{\frac{\Delta\varrho}{\varrho}}{\frac{\Delta l}{l}} + 1 - \frac{\frac{\Delta A}{A}}{\frac{\Delta l}{l}}. \tag{1.31}$$

Für den Querschnitt des Drahtes vor und nach der Deformation gilt (r: Drahtradius) $A = \pi r^2$ bzw.

$$A' = \pi(r + \Delta r)^2 \approx \pi r^2 \left(1 + 2 \frac{\Delta r}{r}\right), \tag{1.32}$$

so daß

$$\Delta A = A' - A = 2\pi r \Delta r. \tag{1.33}$$

Wegen (1.6) können wir schreiben

$$\frac{\Delta r}{r} = -\mu \frac{\Delta l}{l} = -\mu\varepsilon, \tag{1.34}$$

und für den k-Faktor folgt

$$K = 1 + 2\mu + \frac{\frac{\Delta\varrho}{\varrho}}{\varepsilon}. \tag{1.35}$$

In der Praxis schwankt K zwischen $K \approx 2$ für Draht und $K \approx 100$ für Halbleiter.

Mit Hilfe von Dehnungsmeßstreifen kann man beispielsweise Drehmomente $\boldsymbol{M}_t$ an Wellen bequem messen. In Abb. 1.9 ist für diesen Fall die prinzipielle Anordnung bei vier verwendeten Meßstreifen, die in Brückenschaltung liegen, dargestellt. Diese WHEATSTONEsche Brückenschaltung steigert bei vier aktiven Streifen die Empfindlichkeit um das Vierfache. Die Drehmomente $|\boldsymbol{M}_t|$ und die Spannungsänderungen ΔU sind dann einander proportional, und es gilt

$$|\boldsymbol{M}_t| \sim \Delta U \sim 4 \left|\frac{\Delta R}{R}\right| U. \tag{1.36}$$

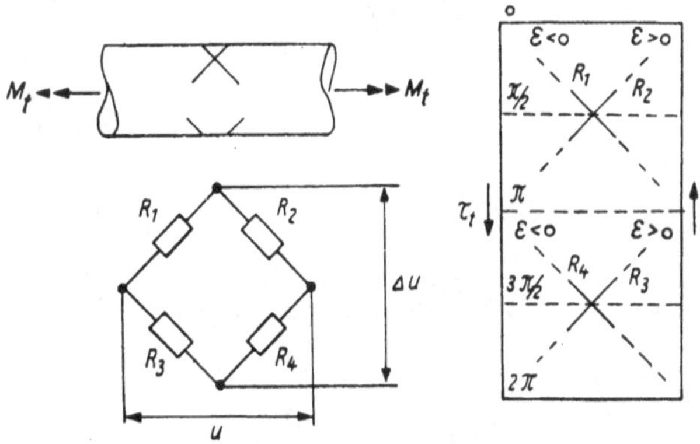

Abb. 1.9. Klebe- und Schaltschema der Dehnungsmeßstreifen für eine Drehmomentenmessung

Es sei noch erwähnt, daß bei dem in Abb. 1.9 dargestellten Schema ungewollte Wirkungen von Biegemomenten automatisch kompensiert werden. Der an näheren Details interessierte Leser sei auf die Spezialliteratur hingewiesen (vgl. FILONENKO-BORODITSCH, 1952; FINK, 1952).

2. Allgemeine Beschreibung der Bewegungen und Spannungen in einem Kontinuum

2.1. *Verschiebungs- und Verzerrungstensor; der Satz von Helmholtz*

Wir betrachten die Verschiebungen innerhalb eines Kontinuums bezüglich eines raumfesten Koordinatensystems, das durch die *Einheitsvektoren* $\boldsymbol{e}_1$, $\boldsymbol{e}_2$, $\boldsymbol{e}_3$ aufgespannt sei (vgl. Abb. 2.1). Ein markierter Punkt P werde um $\boldsymbol{u}$ nach P' verschoben und ein in der Entfernung $\mathrm{d}\boldsymbol{r}$ von P gelegener Punkt Q rücke um $\boldsymbol{u} + \mathrm{d}\boldsymbol{u}$ in die Position Q'. Für die gegenseitige Verschiebung der benachbarten Punkte P und Q folgt dann

$$\mathrm{d}\boldsymbol{r}' = \mathrm{d}\boldsymbol{r} + \mathrm{d}\boldsymbol{u}. \tag{2.1}$$

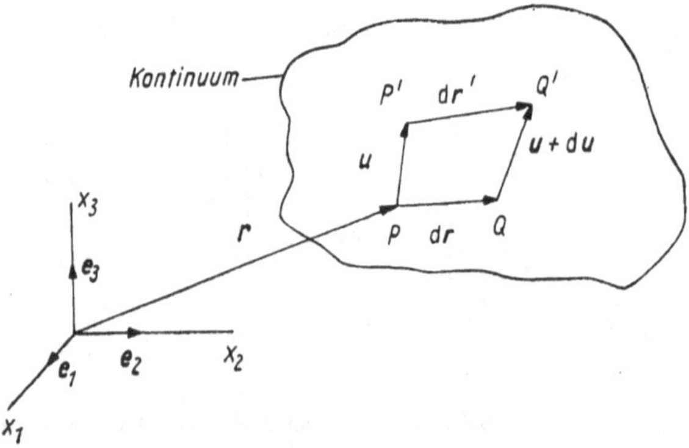

Abb. 2.1. Gegenseitige Verschiebung zweier Punkte P und Q

Der *Verschiebungsvektor* $\boldsymbol{u}$ ist im allgemeinen eine Funktion des Ortes und der Zeit,

$$\boldsymbol{u} = \begin{Bmatrix} u_1(x_1, x_2, x_3, t) \\ u_2(x_1, x_2, x_3, t) \\ u_3(x_1, x_2, x_3, t) \end{Bmatrix} \tag{2.2}$$

Setzen wir zeitunabhängige Verschiebungen voraus, so gilt bei Vernachlässigung nichtlinearer Terme

$$\mathrm{d}\boldsymbol{u} = \begin{cases} \mathrm{d}u_1 = \dfrac{\partial u_1}{\partial x_1}\,\mathrm{d}x_1 + \dfrac{\partial u_1}{\partial x_2}\,\mathrm{d}x_2 + \dfrac{\partial u_1}{\partial x_3}\,\mathrm{d}x_3 \\[2ex] \mathrm{d}u_2 = \dfrac{\partial u_2}{\partial x_1}\,\mathrm{d}x_1 + \dfrac{\partial u_2}{\partial x_2}\,\mathrm{d}x_2 + \dfrac{\partial u_2}{\partial x_3}\,\mathrm{d}x_3 \\[2ex] \mathrm{d}u_3 = \dfrac{\partial u_3}{\partial x_1}\,\mathrm{d}x_1 + \dfrac{\partial u_3}{\partial x_2}\,\mathrm{d}x_2 + \dfrac{\partial u_3}{\partial x_3}\,\mathrm{d}x_3 \end{cases} \tag{2.3}$$

oder bei Benutzung des Vektordifferentials $\mathrm{d}\boldsymbol{r} = (\mathrm{d}x_1, \mathrm{d}x_2, \mathrm{d}x_3)$

$$\mathrm{d}\boldsymbol{u} = \mathrm{d}\boldsymbol{r} \cdot \boldsymbol{T} = (\mathrm{d}\boldsymbol{r}\,\nabla)\,\boldsymbol{u} = (\mathrm{d}\boldsymbol{r}\,\mathrm{grad})\,\boldsymbol{u}, \tag{2.4}$$

wobei durch

$$\boldsymbol{T} = \begin{pmatrix} \dfrac{\partial u_1}{\partial x_1} & \dfrac{\partial u_2}{\partial x_1} & \dfrac{\partial u_3}{\partial x_1} \\[2ex] \dfrac{\partial u_1}{\partial x_2} & \dfrac{\partial u_2}{\partial x_2} & \dfrac{\partial u_3}{\partial x_2} \\[2ex] \dfrac{\partial u_1}{\partial x_3} & \dfrac{\partial u_2}{\partial x_3} & \dfrac{\partial u_3}{\partial x_3} \end{pmatrix} = \nabla)(\boldsymbol{u} \tag{2.5}$$

der *Verschiebungstensor* definiert wird. Die physikalische Deutung der Tensorkomponenten ist bereits im vorigen Kapitel erfolgt. Nach den Gl. (1.10) und (1.12) bedeuten die Elemente der Hauptdiagonale Dehnungen, während die anderen Winkeländerungen darstellen.

Nach den Sätzen der Tensorrechnung kann der Verschiebungstensor gemäß der Identität

$$\frac{\partial u_k}{\partial x_i} = \frac{1}{2}\left(\frac{\partial u_i}{\partial x_k} + \frac{\partial u_k}{\partial x_i}\right) - \frac{1}{2}\left(\frac{\partial u_i}{\partial x_k} - \frac{\partial u_k}{\partial x_i}\right) \tag{2.6}$$

in einen *symmetrischen* und einen *antisymmetrischen* Anteil zerlegt werden:

$$\boldsymbol{T} = \boldsymbol{T}_V + \boldsymbol{T}_R. \tag{2.7}$$

Die Komponenten von $\boldsymbol{T}_V$,

$$\frac{1}{2}\left(\frac{\partial u_i}{\partial x_k} + \frac{\partial u_k}{\partial x_i}\right) = \varepsilon_{ik} = \varepsilon_{ki} \tag{2.8}$$

repräsentieren für $i = k$, d. h. $\varepsilon_{ii} = \frac{\partial u_i}{\partial x_i}$, Dehnungen und für $i \neq k$, d. h. $\varepsilon_{ik} = \frac{1}{2}\gamma_{ik}$, Scherungen.

Wegen Gl. (2.4), (2.6) und (2.7) gilt weiter

$$\mathrm{d}\boldsymbol{u} = \mathrm{d}\boldsymbol{r}\boldsymbol{T} = \mathrm{d}\boldsymbol{r}(\boldsymbol{T}_V + \boldsymbol{T}_r) = \mathrm{d}\boldsymbol{r}\boldsymbol{T}_V + \frac{1}{2}\,[\mathrm{rot}\,\boldsymbol{u}\,\mathrm{d}\boldsymbol{r}]. \tag{2.9}$$

Demnach besteht die gegenseitige Verschiebung benachbarter Punkte aus zwei Anteilen, einer

$$\textit{Verzerrung}\ \mathrm{d}\boldsymbol{r}\cdot\boldsymbol{T}_V \tag{2.10}$$

und einer

$$\textit{starren Rotation}\ \frac{1}{2}\,[\mathrm{rot}\,\boldsymbol{u}\,\mathrm{d}\boldsymbol{r}]. \tag{2.11}$$

Bei rotationsfreier Verzerrung ist nur der erste Term, bei verzerrungsfreier Drehung — wie beim starren Körper — nur der zweite Term vorhanden.

Findet schließlich noch eine gewöhnliche *Translation* statt, so kann nach dem Satz von HELMHOLTZ allgemein eine Verschiebung aus den drei Anteilen Translation, Rotation und Verzerrung bestehen

$$\mathrm{d}\boldsymbol{u}_{\mathrm{ges}} = \mathrm{d}\boldsymbol{u}_{\mathrm{transl.}} + \frac{1}{2}\,[\mathrm{rot}\,\boldsymbol{u}\,\mathrm{d}\boldsymbol{r}] + \mathrm{d}\boldsymbol{r}\boldsymbol{T}_V, \tag{2.12}$$

wobei $\boldsymbol{T}_V$ nach Gl. (2.8) die Form

$$\boldsymbol{T}_V = \begin{pmatrix} \varepsilon_{11} & \varepsilon_{12} & \varepsilon_{13} \\ \varepsilon_{21} & \varepsilon_{22} & \varepsilon_{23} \\ \varepsilon_{31} & \varepsilon_{32} & \varepsilon_{33} \end{pmatrix} \tag{2.13}$$

hat und *Verzerrungs-* oder *Dehnungstensor* genannt wird.

In der Kontinuumsmechanik befassen wir uns vor allem mit dem dritten Term. Bei Fehlen dieses Anteils würde das ganze Bewegungsproblem in das Sachgebiet der Punktmechanik bzw. der Mechanik starrer Körper fallen.

2.2. *Der Spannungstensor*

2.2.1. *Spannungstensor und Kraftgleichgewicht*

Zur Charakterisierung der *inneren Spannungen* eines Kontinuums stellen wir ausgehend von dem in Kap. 1.2. beschriebenen Schnittprinzip die Gleichgewichtsbedingungen für ein quaderförmig ausgeschnittenes Volumenelement $dx_1\, dx_2\, dx_3$ mit achsenparallelen Kanten auf.

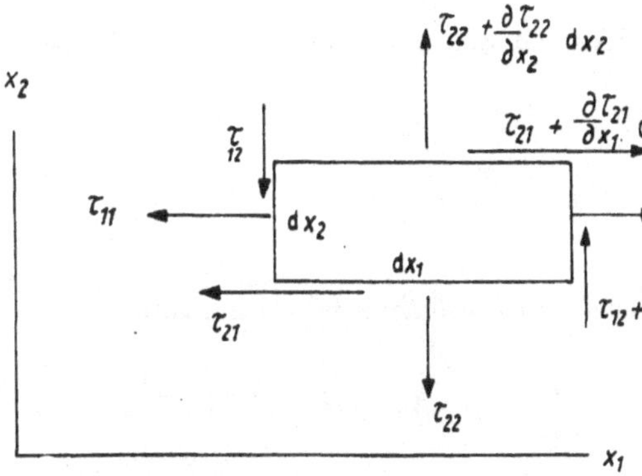

Abb. 2.2. Spannungen an einem Volumenelement

Nach Abb. 2.2 muß für das betrachtete Volumenelement im Gleichgewichtsfall die Summe aller Oberflächenkräfte parallel zur x_1-Achse und der entsprechenden

Volumenkraft verschwinden:

$$\begin{aligned}&\left(\tau_{11} + \frac{\partial\tau_{11}}{\partial x_1}\,\mathrm{d}x_1\right)\mathrm{d}x_2\,\mathrm{d}x_3\\ &\quad + \left(\tau_{21} + \frac{\partial\tau_{21}}{\partial x_2}\,\mathrm{d}x_2\right)\mathrm{d}x_1\,\mathrm{d}x_3\\ &\quad + \left(\tau_{31} + \frac{\partial\tau_{31}}{\partial x_3}\,\mathrm{d}x_3\right)\mathrm{d}x_1\,\mathrm{d}x_2\\ &\quad - \tau_{11}\,\mathrm{d}x_2\,\mathrm{d}x_3 - \tau_{21}\,\mathrm{d}x_1\,\mathrm{d}x_3 - \tau_{31}\,\mathrm{d}x_1\,\mathrm{d}x_2\\ &\quad + f_1\,\mathrm{d}x_1\,\mathrm{d}x_2\,\mathrm{d}x_3 = 0.\end{aligned}$$

Wegen $\mathrm{d}V = \mathrm{d}x_1\,\mathrm{d}x_2\,\mathrm{d}x_3$ folgt als Gleichgewichtsbedingung für die Achse 1

$$\frac{\partial\tau_{11}}{\partial x_1}\,\mathrm{d}V + \frac{\partial\tau_{21}}{\partial x_2}\,\mathrm{d}V + \frac{\partial\tau_{31}}{\partial x_3}\,\mathrm{d}V + f_1\mathrm{d}V = 0. \tag{2.14}$$

Berücksichtigen wir alle Komponenten der Volumenkraftdichte

$$\boldsymbol{f} = \begin{pmatrix} f_1\\ f_2\\ f_3 \end{pmatrix}, \tag{2.15}$$

so lauten die *Gleichgewichtsbedingungen* insgesamt

$$\sum_{i=1}^{3} \frac{\partial\tau_{ik}}{\partial x_i} + f_k = 0, \quad k = 1, 2, 3. \tag{2.16}$$

Mit Hilfe des Spannungstensors

$$\boldsymbol{\tau} = \{\tau_{ik}\} = \begin{pmatrix} \tau_{11} & \tau_{12} & \tau_{13}\\ \tau_{21} & \tau_{22} & \tau_{23}\\ \tau_{31} & \tau_{32} & \tau_{33} \end{pmatrix} \tag{2.17}$$

kann die Gl. (2.16) auch in der Vektorform

$$\nabla \boldsymbol{\tau} + \boldsymbol{f} = \operatorname{div} \boldsymbol{\tau} + \boldsymbol{f} = 0 \qquad (2.18)$$

geschrieben werden. Die Elemente des Spannungstensors kennzeichnen vollständig den *Spannungszustand* des Kontinuums. Es gilt weiter der Zusammenhang

$$\boldsymbol{n}\boldsymbol{\tau} = \boldsymbol{s}, \qquad (2.19)$$

wobei $\boldsymbol{n}$ der Normaleinheitsvektor ist. (Näheres vgl. z. B. BORCHARDT, BORCHARDT, 1971.)

Die Beziehungen (2.16) bzw. (2.18) werden wir für die Behandlung von Gleichgewichtszuständen sowie für die Herleitung der Bewegungsgleichungen für ein Kontinuum in den nächsten Kapiteln verwenden.

2.2.2. *Die Symmetrie des Spannungstensors*

Das vollständige Gleichgewicht im Kontinuum erfordert auch das Verschwinden der aus Oberflächen- und Volumenkräften resultierenden Drehmomente. Aus Abb. 2.3 (ähnlich wie beim Kraftgleichgewicht) ergibt sich für das Verschwinden aller resultierenden Dreh-

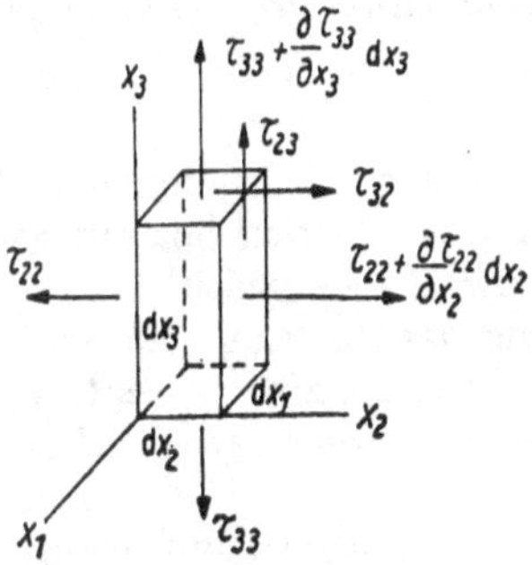

Abb. 2.3. Zur Bildung der Drehmomente

momente um die Achse 1

$$\begin{aligned}&\tau_{23}\,\mathrm{d}x_1\,\mathrm{d}x_3\cdot\mathrm{d}x_2-\tau_{32}\,\mathrm{d}x_1\,\mathrm{d}x_2\cdot\mathrm{d}x_3\\&+\frac{\partial\tau_{33}}{\partial x_3}\,\mathrm{d}x_3\,\mathrm{d}x_1\,\mathrm{d}x_2\,\frac{\mathrm{d}x_2}{2}\\&-\frac{\partial\tau_{22}}{\partial x_2}\,\mathrm{d}x_2\,\mathrm{d}x_1\,\mathrm{d}x_3\cdot\frac{\mathrm{d}x_3}{2}\\&+f_3\,\mathrm{d}V\,\frac{\mathrm{d}x_2}{2}-f_2\,\mathrm{d}V\,\frac{\mathrm{d}x_3}{2}=0.\end{aligned}\tag{2.20}$$

Beachten wir, daß die letzten vier Terme von höherer Ordnung klein sind, so folgt

$$\tau_{23}=\tau_{32}\tag{2.21 a}$$

und allgemein bei zyklischer Vertauschung der Indizes

$$\tau_{ik}=\tau_{ki}.\tag{2.21}$$

Der Spannungstensor ist *symmetrisch*, d. h., zur vollständigen Charakterisierung des Spannungszustandes genügen bereits sechs der Elemente τ_{ik}.

2.2.3. *Die Hauptachsentransformation des Verzerrungs- und Spannungstensors*

Der mathematische Formalismus für die in diesem Abschnitt zu behandelnde Aufgabe ist für den Spannungs- und Verzerrungstensor — $\boldsymbol{\tau}$ bzw. $\boldsymbol{T}_V$ — gleich. Wir beschränken uns in der Ableitung deswegen auf die Spannungen. Durch Vertauschen von $\boldsymbol{\tau}$ bzw. τ_{ik} mit $\boldsymbol{T}_V$ bzw. ε_{ik} ergeben sich dann die entsprechenden Gleichungen für die Verzerrungen.

Um den Spannungstensor $\boldsymbol{\tau}$ (Gl. (2.17)) auf *Hauptachsen* zu transformieren, berechnen wir zunächst die

Eigenwerte der Tensormatrix aus der Beziehung

$$\mathrm{Det}\,|\boldsymbol{\tau} - \tau \boldsymbol{E}| = 0, \tag{2.22}$$

wobei

$$\boldsymbol{E} = \begin{pmatrix} 1 & 0 & 0 \\ 0 & 1 & 0 \\ 0 & 0 & 1 \end{pmatrix} \tag{2.23}$$

den Einheitstensor bedeutet. Ausrechnen der Determinante (2.22) ergibt die charakteristische Gleichung

$$\tau^3 - I_1 \tau^2 + I_2 \tau - I_3 = 0. \tag{2.24}$$

Die Koeffizienten I_1, I_2, I_3 hängen nicht vom gewählten Koordinatensystem ab und werden deshalb *Invarianten des Spannungstensors* genannt (vgl. z. B. Kästner, 1960, Madelung 1964). Sie lauten im einzelnen

$$I_1 = \tau_{11} + \tau_{22} + \tau_{33}, \tag{2.25a}$$

$$I_2 = \tau_{11}\tau_{22} + \tau_{22}\tau_{33} + \tau_{33}\tau_{11} - \tau_{12}^2 - \tau_{23}^2 - \tau_{13}^2, \tag{2.25b}$$

$$I_3 = \tau_{11}\tau_{22}\tau_{33} - \tau_{11}\tau_{23}^2 - \tau_{22}\tau_{13}^2 - \tau_{33}\tau_{12}^2 + 2\tau_{12}\tau_{23}\tau_{13}. \tag{2.25c}$$

Die Lösungen τ_1, τ_2, τ_3 der Gl. (2.22) sind wegen der Symmetrie des Spannungstensors sämtlich reell und heißen *Hauptspannungen.* Die gesuchte Hauptachsendarstellung des Spannungstensors hat dann die Form

$$\boldsymbol{\tau} = \begin{pmatrix} \tau_1 & 0 & 0 \\ 0 & \tau_2 & 0 \\ 0 & 0 & \tau_3 \end{pmatrix}. \tag{2.26}$$

Entsprechend finden wir für die Hauptachsendarstellung des Verzerrungs- oder Dehnungstensors

$$\boldsymbol{T}_V = \begin{pmatrix} \varepsilon_1 & 0 & 0 \\ 0 & \varepsilon_2 & 0 \\ 0 & 0 & \varepsilon_3 \end{pmatrix}. \tag{2.27}$$

Bei *isotropen* Stoffen fallen die Hauptachsen des Spannungs- und Verzerrungstensors zusammen.

Mit Hilfe der Hauptachsendarstellung kann die *Volumendilatation* Θ leicht durch Verschiebungen bzw. Dehnungen dargestellt werden. Dazu gehen wir von einem quaderförmigen Volumenelement aus, dessen Kanten parallel zu den Hauptachsen orientiert sind (vgl. Abb. 4.4). Das Volumen beträgt vor der Deformation

$$V = l_1 l_2 l_3 \tag{2.28}$$

und danach

$$V' = l_1(1 + \varepsilon_1)\, l_2(1 + \varepsilon_2)\, l_3(1 + \varepsilon_3)\,. \tag{2.29}$$

Wegen $\varepsilon_i \ll 1$ resultiert für die Volumendilatation

$$\Theta = \frac{V' - V}{V} = \varepsilon_1 + \varepsilon_2 + \varepsilon_3\,. \tag{2.30}$$

Das ist aber nach Gl. (2.25a) eine Tensorinvariante, so daß allgemein gilt

$$\Theta = \sum_i \varepsilon_{ii}\,. \tag{2.31}$$

Mit den Gln. (1.10), (2.2) folgt weiter aus der Beziehung (2.30)

$$\Theta = \frac{\partial u_1}{\partial x_1} + \frac{\partial u_2}{\partial x_2} + \frac{\partial u_3}{\partial x_3} = \operatorname{div} \boldsymbol{u}\,. \tag{2.32}$$

3. Beziehungen zwischen Spannungen und Deformationen bei elastischen festen Stoffen und zähen Flüssigkeiten

3.1. Rheologische Zustandsgleichungen

Zur praktischen Arbeit in der Kontinuumsmechanik benötigen wir Gleichungen, die den Zusammenhang zwischen Spannungen, Drücken, Deformationen und

Volumendilatationen sowie ihrer zeitlichen Ableitungen herstellen. Eine solche *rheologische Zustandsgleichung*

$$F(\tau_{ik}, \dot{\tau}_{ik} \ldots, \varepsilon_{ik}, \dot{\varepsilon}_{ik} \ldots, \Theta, \dot{\Theta} \ldots, p, \dot{p} \ldots) = 0 \quad (3.1)$$

ist in voller Allgemeinheit für das Verhalten aller praktisch wichtigen Stoffe bis heute nicht gefunden worden, so daß man auf spezielle Beziehungen für bestimmte Stoffklassen zurückgreifen muß.

Für *elastische isotrope Substanzen* und für *zähe Flüssigkeiten im Newtonschen Sinne*, konnten empirische rheologische Zustandsgleichungen ermittelt werden. Umgekehrt ist es möglich, verschiedene Medien durch die ihnen entsprechende rheologische Zustandsgleichung zu klassifizieren.

Im folgenden werden die *Spannungs-Dehnungsbeziehungen* für *isotrope Elastika* behandelt und in einer anwendungsfreundlichen Form dargestellt. Anschließend wird auf die rheologischen Zustandsgleichungen für isotrope Stoffe und den *Stokesschen Reibungsansatz* für zähe Flüssigkeiten eingegangen.

3.2. Die Hookeschen Gesetze für isotrope Elastika

Nach dem HOOKEschen Erfahrungssatz „*ut tensio sic vis*" besteht zwischen Deformationen und Spannungen ein linearer Zusammenhang, d. h., Deformationen und Spannungen sind einander proportional. Die von uns betrachteten Deformationen sollen *Zustandsfunktionen*, d. h. unabhängig von der Vorgeschichte, sein.

Im allgemeinen Fall wäre jede Komponente des Deformationstensors abhängig von allen Komponenten des Spannungstensors und umgekehrt. Wegen der nach HOOKE vorausgesetzten Linearität und der bekannten Symmetrie beider Tensoren würde daraus ein System von 6 Gleichungen mit insgesamt 36 Koeffizienten resultieren.

Im Hauptachsensystem reduziert sich dieses Gleichungssystem wegen des Verschwindens der Nichtdiagonalelemente zu

$$\begin{aligned} \varepsilon_1 &= a_1\tau_1 + b_1\tau_2 + c_1\tau_3, \\ \varepsilon_2 &= a_2\tau_1 + b_2\tau_2 + c_2\tau_3, \\ \varepsilon_3 &= a_3\tau_1 + b_3\tau_2 + c_3\tau_3. \end{aligned} \tag{3.2}$$

Bei Beschränkung auf isotrope Medien folgt wegen der Gleichwertigkeit aller Richtungen für Deformationen parallel zur wirkenden Spannung

$$a_1 = b_2 = c_3 = a \tag{3.3}$$

und senkrecht dazu

$$a_2 = a_3 = b_1 = b_3 = c_1 = c_2 = b, \tag{3.4}$$

d. h., es bleiben in diesem Fall nur zwei voneinander unabhängige Koeffizienten übrig. Ein Vergleich mit den in Tab. 1.1 (Gl. (1.5)—(1.6)) gegebenen Definitionen liefert

$$a = \frac{1}{E}, \quad b = -\frac{\mu}{E}. \tag{3.5}$$

Damit können die Dehnungs-Spannungsbeziehungen im Hauptachsensystem für elastische isotrope Stoffe in der Form

$$\begin{aligned} \varepsilon_1 &= \frac{1}{E}\,[\tau_1 - \mu(\tau_2 + \tau_3)], \\ \varepsilon_2 &= \frac{1}{E}\,[\tau_2 - \mu(\tau_1 + \tau_3)], \\ \varepsilon_3 &= \frac{1}{E}\,[\tau_3 - \mu(\tau_1 + \tau_2)] \end{aligned} \tag{3.6}$$

geschrieben werden.

Der Übergang vom Hauptachsensystem zu einem beliebigen *orthogonalen Koordinatensystem* erfolgt mit Hilfe der bekannten Transformationsbeziehungen für Tensorkomponenten

$$\varepsilon_{ik} = \sum_{j=1}^{3} \varepsilon_j \cos \alpha_{ji} \cos \alpha_{jk}. \tag{3.7}$$

Bei Beachtung von

$$\sum_j \cos \alpha_{ji} \cos \alpha_{jk} = \delta_{ik} = \begin{cases} 1 & \text{für} \quad i = k \\ 0 & \text{für} \quad i \neq k \end{cases} \tag{3.8a}$$

(δ_{ik}: KRONECKER-Symbol) und der *Spurinvarianz*

$$\sum_i \tau_i = \sum_j \tau_{jj} \tag{3.8b}$$

folgen durch Einsetzen von Gl. (3.7) in das System (3.6) die Dehnungs-Spannungsbeziehungen für ein elastisches Kontinuum im allgemeinen Fall:

$$\varepsilon_{11} = \frac{1}{E} [\tau_{11} - \mu(\tau_{22} + \tau_{33})], \tag{3.9a}$$

$$\varepsilon_{22} = \frac{1}{E} [\tau_{22} - \mu(\tau_{33} + \tau_{11})], \tag{3.9b}$$

$$\varepsilon_{33} = \frac{1}{E} [\tau_{33} - \mu(\tau_{11} + \tau_{22})], \tag{3.9c}$$

$$\varepsilon_{ik} = \frac{1 + \mu}{E} \tau_{ik}, \quad i; k = 1; 2; 3. \tag{3.10}$$

Wegen der Beziehungen (1.12), (1.28), und (2.8) ist die Gl. (3.10) mit der Gl. (1.7)

$$\tau_{ik} = G\gamma_{ik}$$

identisch. Die Gln. (3.9) stellen also einfach die Superposition der Normalspannungen in den verschiedenen Richtungen dar.

Es sei weiter bemerkt, daß in diesen Beziehungen bei Temperaturänderungen zusätzliche *Wärmeausdehnungen* zu berücksichtigen sind (vgl. die Anwendungsbeispiele am Schluß dieses Kapitels).

Die Spannungs-Dehnungsbeziehungen (3.9) und (3.10) können zu einer *einzigen Tensorgleichung* zwischen $\boldsymbol{T}_v$ und $\boldsymbol{\tau}$ zusammengefaßt werden. Definieren wir den *mittleren Druck* entsprechend den Festlegungen in 1.2. durch

$$\overline{p} = -\frac{1}{3}(\tau_{11} + \tau_{22} + \tau_{33}) = -\frac{1}{3}\,Sp(\boldsymbol{\tau}), \quad (3.11)$$

so lassen sich die Gln. (3.9) leicht auf die Form

$$\varepsilon_{ii} = \frac{1}{2G}\left(\tau_{ii} + \frac{3\mu}{1+\mu}\,\overline{p}\right), \; i = 1; 2; 3, \quad (3.12)$$

bringen, wobei der Zusammenhang (1.28) zwischen dem *Schub- und Elastizitätsmodul sowie der Poisson-Zahl* beachtet wurde. Addition der drei möglichen Gln. (3.12) führt mit Gl. (2.31) auf

$$\Theta = -\frac{3\overline{p}}{2G}\left(\frac{1-2\mu}{1+\mu}\right). \quad (3.13)$$

Diese Gleichung liefert den Wertebereich der *Poissonschen Querkontraktionszahl*. Kompression ($\Theta < 0$) ist physikalisch nur für $\overline{p} > 0$ und Dilatation ($\Theta > 0$) nur für $\overline{p} < 0$ möglich. Daraus folgt wegen der stets vorhandenen Änderung der Querdimension ($\mu \neq 0$)

$$1 - 2\mu > 0 \quad \text{bzw.} \quad 0 < \mu < \frac{1}{2}. \quad (3.14)$$

Für die *isotherme Kompressibilität* eines elastischen Stoffes ergibt sich aus Gl. (3.13)

$$\varkappa = -\left(\frac{\partial \Theta}{\partial \overline{p}}\right)_{T=\mathrm{const}} = -\frac{1}{V}\left(\frac{\partial V}{\partial \overline{p}}\right)_{T=\mathrm{const}}$$

$$= \frac{3(1-2\mu)}{2G(1+\mu)} = \frac{3(1-2\mu)}{E} \qquad (3.15)$$

Bekanntlich läßt sich jede skalare Größe als ein Kugeltensor auffassen, insbesondere können wir für $\overline{p}$ und Θ schreiben

$$\overline{\boldsymbol{p}} = \overline{p}\,\boldsymbol{E} = \begin{pmatrix} \overline{p} & 0 & 0 \\ 0 & \overline{p} & 0 \\ 0 & 0 & \overline{p} \end{pmatrix}, \qquad (3.16)$$

$$\boldsymbol{\Theta} = \Theta \boldsymbol{E} = \begin{pmatrix} \Theta & 0 & 0 \\ 0 & \Theta & 0 \\ 0 & 0 & \Theta \end{pmatrix}. \qquad (3.17)$$

Damit lassen sich die Gln. (3.10) und (3.12) zu einer Beziehung zusammenfassen. Zunächst erhalten wir mit Hilfe des KRONECKER-Symbols δ_{ik} und unter Ausnutzung von (1.28) für die Tensorkomponente ε_{ik}

$$\varepsilon_{ik} = \frac{1}{2G}\left(\tau_{ik} + \delta_{ik}\frac{3\mu}{1+\mu}\,\overline{p}\right). \qquad (3.18)$$

Die entsprechende Tensorgleichung hat die Form

$$\boldsymbol{T}_V = \frac{1}{2G}\left(\boldsymbol{\tau} + \frac{3\mu}{1+\mu}\,\overline{\boldsymbol{p}}\right). \qquad (3.19)$$

Durch Umkehrung von (3.18) und (3.19) folgen bei Beachtung von (3.13)

$$\tau_{ik} = 2G\left(\varepsilon_{ik} + \delta_{ik}\frac{\mu}{1-2\mu}\,\Theta\right) \qquad (3.20)$$

und

$$\boldsymbol{\tau} = 2G\left(\boldsymbol{T}_V + \frac{\mu}{1-2\mu}\,\Theta\right). \tag{3.21}$$

Mit (3.19) und (3.21) haben wir für *elastische Kontinua* die Beziehungen gefunden, die den Spannungstensor direkt mit dem Deformationstensor verknüpfen.

3.3. *Zur Analogie elastischer Körper und Newtonscher Flüssigkeiten. Der Reibungsansatz von Stokes*

Durch Einführen des Druckes in die Gl. (3.20) ergibt sich zunächst die Beziehung

$$\tau_{ik} = -\delta_{ik}\overline{p} + 2G\varepsilon_{ik} + \delta_{ik}\left(\overline{p} + \frac{2G\mu\Theta}{1-2\mu}\right). \tag{3.22}$$

Ersetzen wir in der Klammer $\overline{p}$ gemäß (3.13) und nach (2.32) Θ durch $\operatorname{div}\boldsymbol{u}$, so resultiert die rheologische Zustandsgleichung für *isotrope Elastika* im Sinne von Kap. 3.1.

$$\tau_{ik} = -\delta_{ik}\overline{p} + 2G\varepsilon_{ik} - \delta_{ik}\frac{2}{3}\,G\operatorname{div}\boldsymbol{u}. \tag{3.23}$$

Zum Übergang auf zähe Flüssigkeiten werden folgende Analogieannahmen gemacht

— die Spannungen sind im Gegensatz zum HOOKE*schen Gesetz* jetzt den Formänderungsgeschwindigkeiten proportional;
— anstelle des *Schubmoduls G* tritt die *dynamische Viskosität* η (vgl. (1.8));
— das negative arithmetische Mittel der Normalspannungen $\overline{p} = -1/3(\tau_{11} + \tau_{22} + \tau_{33})$ geht in den *Flüssigkeitsdruck* p über, der bekanntlich richtungsunabhängig ist. Diese Annahmen führen unmittelbar

nach Gl. (3.23) auf eine rheologische Zustandsgleichung für zähe Flüssigkeiten

$$\tau_{ik} = -\delta_{ik}p + 2\eta\dot{\varepsilon}_{ik} - \delta_{ik}\,\frac{2}{3}\,\eta\,\operatorname{div}\dot{\boldsymbol{u}}, \qquad (3.24)$$

die mit $\dot{\boldsymbol{u}} = \boldsymbol{v}$ und bei Beachtung von (2.8) in der Form

$$\tau_{ik} = -\delta_{ik}p + \eta\left(\frac{\partial v_i}{\partial x_k} + \frac{\partial v_k}{\partial x_i}\right) - \delta_{ik}\,\frac{2}{3}\,\eta\,\operatorname{div}\boldsymbol{v} \qquad (3.25)$$

geschrieben werden kann.

Gl. (3.25) stellt den empirischen Reibungsansatz von STOKES dar. Es sei an dieser Stelle bemerkt, daß die Definition der Zähigkeit gemäß Gl. (1.8) implizit im STOKESschen Reibungsansatz enthalten ist. Derartige Substanzen, bei denen die Spannungen den Formänderungsgeschwindigkeiten proportional sind, bezeichnet man als NEWTON*sche Flüssigkeiten.*

Der STOKESsche Reibungsansatz hat sich auf vielen Gebieten der technischen Praxis hervorragend bewährt und ist deshalb eine der grundlegenden Beziehungen der angewandten Strömungslehre.

Für reibungsfreie Strömungen und den hydrostatischen Fall vereinfacht sich die Gl. (3.25) erheblich. Für erstere ist $\eta = 0$ und für letzteren $\dot{\varepsilon}_{ik} = 0$ sowie $\boldsymbol{v} = 0$, d. h., es bleibt

$$\tau_{ik} = -\delta_{ik}p. \qquad (3.26)$$

In den folgenden zwei Beispielen sollen die vorstehenden Überlegungen dieses Kapitels auf zwei praktische Probleme unter Berücksichtigung von Temperaturänderungen angewandt werden.

Im ersten dieser Beispiele sollen die *Wärmespannungen* untersucht werden, die sich im Schaft eines Stahlbolzens und in den durch ihn zusammengehaltenen Blöcken aus Aluminium und Keramik aufbauen (vgl. Abb. 3.1).

Die Anordnung sei bei der Temperatur ϑ_0 spannungsfrei und werde auf die Temperatur ϑ erwärmt. Es wird angenommen, daß sich die Blöcke gleichmäßig über ihren Querschnitt ausdehnen.

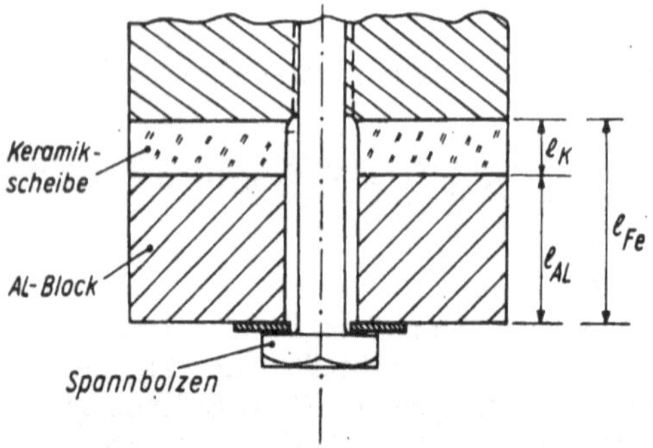

Abb. 3.1. Zur Berechnung der Wärmespannungen verschraubter Scheiben

Im Falle einer *unbehinderten Wärmeausdehnung* der beiden Blöcke (Aluminium und Keramik) zusammengenommen ist diese größer als die des Verbindungsbolzens. In der Schraubenverbindung werden der Bolzen auf Zug und die beiden Blöcke auf Druck beansprucht. Dabei besteht die Bedingung, daß der Bolzenschaft und die Blöcke zusammen die gleiche Längenänderung erfahren

$$\Delta l_{\mathrm{Fe}} = \Delta l_{\mathrm{K}} + \Delta l_{\mathrm{Al}}, \tag{3.27}$$

bzw. durch die Dehnungen ausgedrückt

$$\varepsilon_{\mathrm{Fe}} l_{\mathrm{Fe}} = \varepsilon_{\mathrm{K}} l_{\mathrm{K}} + \varepsilon_{\mathrm{Al}} l_{\mathrm{Al}}. \tag{3.28}$$

Wegen der Gl. (3.9) und bei Beachtung der Wärmedehnungen ist

$$\varepsilon_{\mathrm{Al}} = -\frac{\tau_n}{E_{\mathrm{Al}}} + \alpha_{\mathrm{Al}}\,\Delta\vartheta, \tag{3.29}$$

$$\varepsilon_{\mathrm{K}} = -\frac{\tau_n}{E_{\mathrm{K}}} + \alpha_{\mathrm{K}}\,\Delta\vartheta, \tag{3.30}$$

$$\varepsilon_{\mathrm{Fe}} = +\frac{\tau_n}{E_{\mathrm{Fe}}} + \alpha_{\mathrm{Fe}}\,\Delta\vartheta. \tag{3.31}$$

Die Spannungen τ_n in den Blöcken und τ_{n1} im Bolzenschaft sind vorläufig noch unbekannt. Aus Gründen des Gleichgewichts müssen aber die Zugkraft im Bolzen und die Druckkraft in den Blöcken einander entsprechen. Das bedeutet:

$$|\boldsymbol{F}| = |\tau_{n1}|\,A_{\mathrm{Fe}}, \tag{3.32}$$

$$|\boldsymbol{F}| = |\tau_n|\,A. \tag{3.33}$$

Aus den sechs Gleichungen (3.28) bis (3.33) können die sechs Größen

$$\varepsilon_{\mathrm{Al}},\ \varepsilon_{\mathrm{K}},\ \varepsilon_{\mathrm{Fe}},\ \tau_{n1},\ \tau_n,\ F$$

errechnet werden, wenn die Abmessungen und die Materialkonstanten vorgegeben sind.

Für die *Spannkraft* ergibt sich

$$F = \frac{l_{\mathrm{Al}}\alpha_{\mathrm{Al}} + l_{\mathrm{K}}\alpha_{\mathrm{K}} - l_{\mathrm{Fe}}\alpha_{\mathrm{Fe}}}{\dfrac{l_{\mathrm{Fe}}}{E_{\mathrm{Fe}}A_{\mathrm{Fe}}} + \left(\dfrac{l_{\mathrm{Al}}}{E_{\mathrm{Al}}} + \dfrac{l_{\mathrm{K}}}{E_{\mathrm{K}}}\right)\dfrac{1}{A}}. \tag{3.34}$$

Im zweiten Beispiel (vgl. SZABO, 1966) werden die Spannungen und Dehnungen in einer zwischen zwei starren Wänden eingeklemmten und gleichmäßig um $\Delta\vartheta$ erwärmten Platte untersucht (vgl. Abb. 3.2).

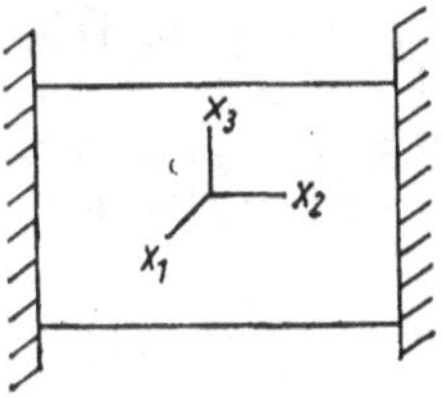

Abb. 3.2. Die eingeklemmte Patte

Dazu sind die Gln. (3.9) unter Hinzufügung der Wärmedehnungen anzuwenden:

$$\varepsilon_{11} = \frac{1}{E}\,[\tau_{11} - \mu(\tau_{22} + \tau_{33})] + \alpha\,\Delta\vartheta, \tag{3.35}$$

$$\varepsilon_{22} = \frac{1}{E}\,[\tau_{22} - \mu(\tau_{33} + \tau_{11})] + \alpha\,\Delta\vartheta, \tag{3.36}$$

$$\varepsilon_{33} = \frac{1}{E}\,[\tau_{33} - \mu(\tau_{11} + \tau_{22})] + \alpha\,\Delta\vartheta, \tag{3.37}$$

wobei wegen der starren Wände $\varepsilon_{22} = 0$ und wegen der freien Dehnungen senkrecht zu diesen Wänden $\tau_{11} = \tau_{33} = 0$ ist.

Aus den Gleichungen (3.35) bis (3.37) folgt

$$\tau_{22} = -E\alpha\,\Delta\vartheta \tag{3.38}$$

und

$$\varepsilon_{11} = \varepsilon_{33} = (1 + \mu)\,\alpha\,\Delta\vartheta. \tag{3.39}$$

4. Elastizitätstheorie für isotrope Stoffe

4.1. Ein- und mehrachsiger Spannungszustand

Ein Spannungszustand wird *einachsig* genannt, wenn ein Koordinatensystem derartig gewählt werden kann, daß nur Spannungen in Richtung einer Koordinatenachse auftreten. Dazu gehört z. B. ein senkrecht zum Querschnitt A nur auf Zug beanspruchter Stab. Dieser Stab sei in Richtung seiner Längsachse mit der Normalspannung τ_{ii} belastet. Für die Spannung $\mathbf{s}$ an einer unter dem Winkel α (vgl. Abb. 4.1) geneigten Schnittfläche gilt die Gleichgewichtsbedingung

$$sA_\alpha = \tau_{ii}A = \tau_{ii}A_\alpha \cos\alpha$$

oder

$$s = \tau_{ii} \cos \alpha . \tag{4.1}$$

Die Zerlegung in Normal- und Tangentialkomponenten liefert

$$\tau_n = s \cos \alpha , \quad \tau_t = s \sin \alpha$$

bzw. mit Gl. (4.1)

$$\tau_n = \tau_{ii} \cos^2 \alpha = \frac{1}{2} \tau_{ii}(1 + \cos 2\alpha) , \tag{4.2a}$$

$$\tau_t = \tau_{ii} \sin \alpha \cos \alpha = \frac{1}{2} \tau_{ii} \sin 2\alpha \tag{4.2b}$$

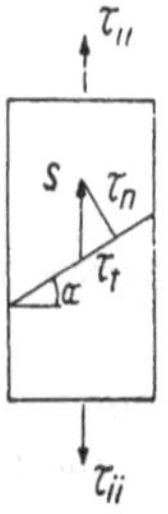

Abb. 4.1. Der einachsige Spannungszustand

Diese Beziehungen gestatten durch Quadrieren leicht die Elimination von α und ergeben dann die Gleichung des MOHR*schen Spannungskreises* (s. (4.3))

$$\left(\tau_n - \frac{1}{2} \tau_{ii}\right)^2 + \tau_t^2 = \frac{1}{4} \tau_{ii}^2 , \tag{4.3}$$

die es gestattet, die zum jeweiligen Schnittwinkel gehörigen Normal- und Tangentialspannungen unmittelbar zu bestimmen. Man erkennt sofort, daß die maximale Schubspannung für den Schnittwinkel $\alpha = \pi/4$ und die maximale Normalspannung für $\alpha = 0$ resultieren (vgl. Abb. 4.2).

Der *zweiachsige Spannungszustand* wird analog zum

einachsigen definiert: Es kann ein Koordinatensystem derartig gewählt werden, daß nur Spannungen in Richtung zweier Koordinatenachsen auftreten. Ein solcher Zustand wird z. B. realisiert, wenn an zwei Seitenflächen eines quaderförmigen Körpers nur Normalspannungen angreifen (vgl. Abb. 1.6).

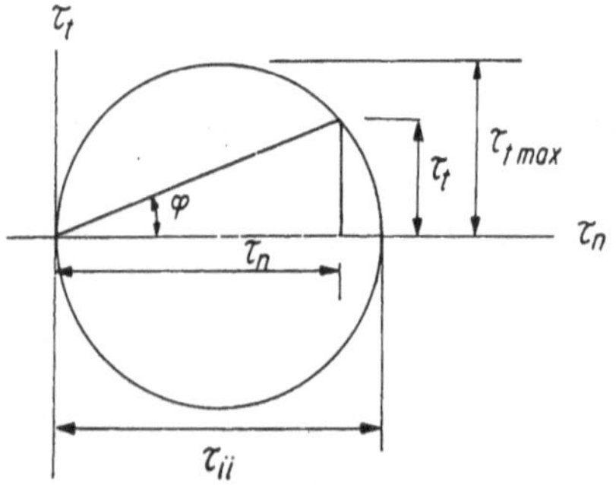

Abb. 4.2. Der MOHRsche Spannungskreis für den einachsigen Spannungszustand

Die Zerlegung in Normal- und Tangentialkomponenten bezüglich der Schnittfläche A_α erfolgte bereits im ersten Anwendungsbeispiel des Kap. 1.2. Die dort enthaltenen Beziehungen (1.16) und (1.17) können auch in der Form

$$\tau_n(\alpha) = \frac{\tau_{ii} + \tau_{kk}}{2} + \frac{\tau_{ii} - \tau_{kk}}{2} \cos 2\alpha, \qquad (4.4\,\mathrm{a})$$

$$\tau_t(\alpha) = -\left(\frac{\tau_{ii} - \tau_{kk}}{2}\right) \sin 2\alpha \qquad (4.4\,\mathrm{b})$$

geschrieben werden.

Die Elimination von α ergibt die Gleichung des MOHRschen Spannungskreises für den zweiachsigen Spannungszustand (vgl. Abb. 4.3).

$$\left[\tau_n - \left(\frac{\tau_{ii} + \tau_{kk}}{2}\right)^2\right] + \tau_t^2 = \left(\frac{\tau_{ii} - \tau_{kk}}{2}\right)^2. \qquad (4.5)$$

Die durch den MOHRschen Kreis dargestellten Zusammenhänge bilden eine wichtige Grundlage für bestimmte Verfahren der praktischen Spannungsanalyse (FINK und ROHRBACH, 1958).

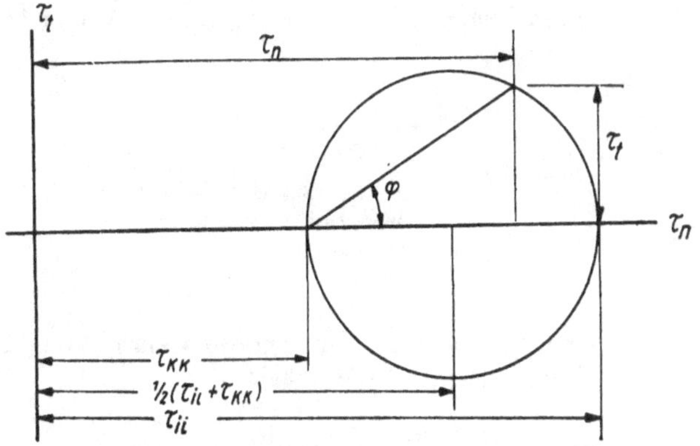

Abb. 4.3. Der MOHRsche Spannungskreis für den zweiachsigen Spannungszustand

4.2. Die potentielle Energie der elastischen Deformation

Jede *elastische Deformation* erfordert eine Arbeit W, die zu einer Veränderung der elastischen potentiellen Energie — des *elastischen Potentials* — führt. Bei der im Bereich des HOOKEschen Gesetzes zulässigen Vernachlässigung der Reibung ist diese Energie in den einzelnen Volumenelementen des Körpers gespeichert und gestattet die Definition einer Dichte der elastischen potentiellen Energie durch

$$\Phi = \frac{\mathrm{d}W}{\mathrm{d}V}. \tag{4.6}$$

Die *Energiedichte* ist eine Funktion des Ortes und ist durch die entsprechenden Verzerrungen bestimmt. Sie kann daher als Funktion der Komponenten des Verzerrungstensors oder wegen der Dehnungs-Spannungsbeziehungen (3.18) auch als Funktion der Spannungen angegeben werden.

Wir betrachten ein Volumenelement V, dessen Kanten den jeweiligen Hauptachsen parallel sind und die im undeformierten Zustand l_1, l_2, l_3 betragen (vgl. Abb. 4.4).

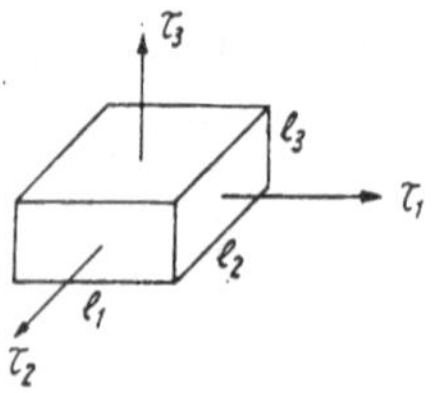

Abb. 4.4. Volumenelement mit hauptachsenparallelen Kanten

Durch eine Dehnung in der Koordinatenrichtung 1 wird dem Volumenelement die Arbeit

$$\mathrm{d}W_1 = \tau_1 l_2 l_3 \cdot \frac{\mathrm{d}l_1}{l_1}\, l_1 = \tau_1 V \frac{\mathrm{d}l_1}{l_1} = \tau_1 V \,\mathrm{d}\varepsilon_1$$

zugeführt. Die entsprechende Energiedichte beträgt

$$\mathrm{d}\Phi_1 = \frac{\mathrm{d}W_1}{V} = \tau_1 \,\mathrm{d}\varepsilon_1 = \frac{\partial \Phi_1}{\partial \varepsilon_1}\,\mathrm{d}\varepsilon_1 . \tag{4.7}$$

Hierbei haben wir die Tatsache ausgenutzt, daß Φ_1 im Bereich des HOOKEschen Gesetzes eine Zustandsgröße und damit $\mathrm{d}\Phi_1$ ein vollständiges Differential ist. Aus (4.7) folgt weiter

$$\tau_1 = \frac{\partial \Phi_1}{\partial \varepsilon_1} . \tag{4.8}$$

Analoge Überlegungen für die anderen Achsenrichtungen führen allgemein zu den Beziehungen

$$\tau_i = \frac{\partial \Phi_i}{\partial \varepsilon_i}; \quad i = 1, 2, 3, \tag{4.9}$$

und

$$\mathrm{d}\Phi = \sum_{i=1}^{3} \mathrm{d}\Phi_i = \sum_{i=1}^{3} \tau_i \, \mathrm{d}\varepsilon_i = \sum_{i=1}^{3} \frac{\partial \Phi_i}{\partial \varepsilon_i} \mathrm{d}\varepsilon_i . \quad (4.10)$$

Hierbei sind die Änderungen des senkrecht zur Dehnungsrichtung orientierten Flächeninhalts infolge von Querkontraktionen als kleine Größen höherer Ordnung vernachlässigt worden.

Mit Hilfe der Spannungs-Dehnungsbeziehungen (3.20) ergibt sich

$$\begin{aligned} \mathrm{d}\Phi &= \sum_{i=1}^{3} 2G \left(\varepsilon_i + \frac{\mu}{1 - 2\mu} \Theta \right) \mathrm{d}\varepsilon_i \\ &= 2G \left(\sum_{i=1}^{3} \varepsilon_i \, \mathrm{d}\varepsilon_i + \frac{\mu}{1 - 2\mu} \Theta \, \mathrm{d}\Theta \right). \quad (4.11) \end{aligned}$$

Integration dieses totalen Differentials liefert

$$\Phi = G \left(\sum_{i=1}^{3} \varepsilon_i^2 + \frac{\mu}{1 - 2\mu} \Theta^2 \right) = \Phi\{\varepsilon_i\} \quad (4.12\,\mathrm{a})$$

— wobei $\{\varepsilon_i\} = (\varepsilon_1, \varepsilon_2, \varepsilon_3)$ — oder mit (2.31) und (1.28)

$$\begin{aligned} \Phi = \Phi\{\varepsilon_i\} = \frac{E}{2(1 + \mu)} \Big[& \varepsilon_1^2 + \varepsilon_2^2 + \varepsilon_3^2 \\ & + \frac{\mu}{1 - 2\mu} (\varepsilon_1 + \varepsilon_2 + \varepsilon_3)^2 \Big]. \quad (4.12\,\mathrm{b}) \end{aligned}$$

Die *potentielle Energie der elastischen Deformation* ist also eine *quadratische Funktion* der Verzerrungskomponenten. Sie verschwindet wegen $\varepsilon_1 = \varepsilon_2 = \varepsilon_3 = 0$ im unverzerrten Zustand und ist stets positiv, unabhängig vom Vorzeichen der Dehnung.

Mit Hilfe der aus den Tensorinvarianten (2.25) folgenden Beziehung

$$\begin{aligned} \varepsilon_1 \varepsilon_2 + \varepsilon_2 \varepsilon_3 + \varepsilon_3 \varepsilon_1 = \varepsilon_{11} \varepsilon_{22} + \varepsilon_{22} \varepsilon_{33} + \varepsilon_{33} \varepsilon_{11} - \varepsilon_{12}^2 \\ - \varepsilon_{13}^2 - \varepsilon_{23}^2 \end{aligned}$$

gelingt leicht die Transformation auf ein beliebiges kartesisches Koordinatensystem:

$$\Phi = \Phi\{\varepsilon_{ik}\} = \frac{E}{2(1+\mu)}\left[\frac{1-\mu}{1-2\mu}(\varepsilon_{11}+\varepsilon_{22}+\varepsilon_{33})^2 - 2(\varepsilon_{11}\varepsilon_{22}+\varepsilon_{22}\varepsilon_{33}+\varepsilon_{11}\varepsilon_{33}-\varepsilon_{12}^2-\varepsilon_{13}^2-\varepsilon_{13}^2)\right]. \tag{4.13}$$

Benutzen wir die Dehnungs-Spannungsbeziehung (3.18), so folgt aus Gleichung (4.12a) zunächst für das Hauptachsensystem die symmetrische Schreibweise

$$\Phi\{\varepsilon_i\tau_i\} = \frac{1}{2}\sum_{i=1}^{3}\varepsilon_i\tau_i \tag{4.14a}$$

bzw. allgemein

$$\Phi\{\varepsilon_{ik}, \tau_{ik}\} = \frac{1}{2}\sum_{i,k=1}^{3}\varepsilon_{ik}\tau_{ik} = \frac{1}{2}\boldsymbol{T}_V\boldsymbol{\tau}. \tag{4.14b}$$

Ersetzen der Verzerrungen ε_{ik} wiederum gemäß (3.18) ergibt die Darstellung des elastischen Potentials als Funktion der Spannungen. Im Hauptachsensystem gilt unter Beachtung von (3.11)

$$\Phi\{\tau_i\} = \frac{1}{4G}\left(\sum_{i=1}^{3}\tau_i^2 - \frac{9\mu}{1+\mu}\overline{p}^2\right) \tag{4.15a}$$

oder für ein allgemeines kartesisches System

$$\Phi = \Phi\{\tau_{ik}\} = \frac{1}{4G}\left[\frac{1}{1+\mu}(\tau_{11}+\tau_{22}+\tau_{23})^2 + 2(\tau_{12}^2+\tau_{23}^2+\tau_{13}^2-\tau_{11}\tau_{22}-\tau_{22}\tau_{33}-\tau_{23}\tau_{11})\right] \tag{4.15b}$$

Erwähnt seien schließlich noch die Zusammenhänge

$$\frac{\partial\Phi}{\partial\varepsilon_{ii}} = \tau_{ii}, \quad \frac{1}{2}\frac{\partial\Phi}{\partial\varepsilon_{ik}} = \tau_{ik}, \tag{4.16a}$$

bzw.

$$\frac{\partial \Phi}{\partial \tau_{ii}} = \varepsilon_{ii}, \quad \frac{1}{2} \frac{\partial \Phi}{\partial \tau_{ik}} = \varepsilon_{ik}, \tag{4.16b}$$

die man leicht durch direktes Differenzieren bestätigt. Diese Relationen, die für das Hauptachsensystem mit (4.9) übereinstimmen, rechtfertigen nochmals die Bezeichnung *elastisches Potential.*

4.3. Bewegungsgleichungen für ein elastisches Kontinuum

Der Übergang von der Elastostatik zur Elastodynamik kann sehr einfach mit Hilfe der Gleichgewichtsbedingungen für einen elastischen Körper vollzogen werden. Dazu müssen wir nur auf der rechten Seite der entsprechenden Gleichung (2.16) nach dem d'Alembertschen Prinzip die Trägheitskräfte hinzufügen und erhalten so unmittelbar die Bewegungsgleichungen

$$\sum_{i=1}^{3} \frac{\partial \tau_{ik}}{\partial x_i} + f_k = \varrho \frac{\mathrm{d}^2 u_k}{\mathrm{d}t^2}, \quad k = 1; 2; 3, \tag{4.17a}$$

oder in Vektorform

$$\nabla \boldsymbol{\tau} + \boldsymbol{f} = \operatorname{div} \boldsymbol{\tau} + \boldsymbol{f} = \varrho \frac{\mathrm{d}^2 \boldsymbol{u}}{\mathrm{d}t^2}. \tag{4.17b}$$

Aus $\boldsymbol{v} = \boldsymbol{v}(x_1, x_2, x_3, t)$ folgt für die Beschleunigung

$$\begin{aligned} \frac{\mathrm{d}^2 \boldsymbol{u}}{\mathrm{d}t^2} = \frac{\mathrm{d}\boldsymbol{v}}{\mathrm{d}t} &= \frac{\partial \boldsymbol{v}}{\partial x_1} \frac{\mathrm{d}x_1}{\mathrm{d}t} + \frac{\partial \boldsymbol{v}}{\partial x_2} \frac{\mathrm{d}x_2}{\mathrm{d}t} + \frac{\partial \boldsymbol{v}}{\partial x_3} \frac{\mathrm{d}x_3}{\mathrm{d}t} + \frac{\partial \boldsymbol{v}}{\mathrm{d}t} \\ &= \frac{\partial \boldsymbol{v}}{\partial t} + (\boldsymbol{v} \nabla) \boldsymbol{v} \end{aligned} \tag{4.18}$$

(vgl. Abschnitt 5.2.3). Da der Teilchentransport in einem elastischen Kontinuum vernachlässigbar ist, kann der

Konvektionsanteil $(\boldsymbol{v}\nabla)\,\boldsymbol{v}$ der Beschleunigung gegenüber dem lokalen Beitrag $\frac{\partial \boldsymbol{v}}{\partial t}$ vernachlässigt werden, d. h., wir schreiben näherungsweise

$$\frac{\mathrm{d}^2\boldsymbol{u}}{\mathrm{d}t^2} = \frac{\partial \boldsymbol{v}}{\partial t} = \frac{\partial^2 \boldsymbol{u}}{\partial t^2}. \tag{4.19}$$

Durch Einsetzen der rheologischen Zustandsgleichung für isotrope Elastika (3.23) in die Bewegungsgleichung (4.17a) ergibt sich zunächst

$$\sum_{i=1}^{3} \frac{\partial}{\partial x_i}\left(-\delta_{ik}\overline{p} + 2G\varepsilon_{ik} - \delta_{ik}\,\frac{2}{3}\,G \operatorname{div} \boldsymbol{u}\right) + f_k = \varrho\,\frac{\partial^2 u_k}{\partial t^2}$$

oder bei Beachtung von (2.8) und Ausführung der Summation

$$-\frac{\partial \overline{p}}{\partial x_k} + G\sum_{i=1}^{3} \frac{\partial}{\partial x_i}\left(\frac{\partial u_i}{\partial x_k} + \frac{\partial u_k}{\partial x_i}\right) - \frac{\partial}{\partial x_k}\,\frac{2}{3}\,G \operatorname{div} \boldsymbol{u} + f_k$$
$$= \varrho\,\frac{\partial^2 u_k}{\partial t^2}.$$

Benutzen wir weiter die Relationen (3.13) und (2.32) sowie den Zusammenhang

$$\sum_{i=1}^{3} \frac{\partial}{\partial x_i}\left(\frac{\partial u_i}{\partial x_k} + \frac{\partial u_k}{\partial x_i}\right) = \Delta u_k + \frac{\partial}{\partial x_k}\,(\nabla \boldsymbol{u}), \tag{4.20}$$

so folgt nach kurzer Rechnung für die k-te Komponente

$$G\left(\Delta u_k + \frac{1}{1-2\mu}\,\frac{\partial}{\partial x_k} \operatorname{div} \boldsymbol{u}\right) + f_k = \varrho\,\frac{\partial^2 u_k}{\partial t^2}. \tag{4.21a}$$

Die entsprechende Vektorgleichung lautet

$$G\left(\Delta \boldsymbol{u} + \frac{1}{1-2\mu} \operatorname{grad}\operatorname{div} \boldsymbol{u}\right) + \boldsymbol{f} = \varrho\,\frac{\partial^2 \boldsymbol{u}}{\partial t^2}, \tag{4.21b}$$

die bei Berücksichtigung von (1.28) die übliche Form

$$\boldsymbol{f} + \frac{E}{2(1+\mu)}\left(\Delta \boldsymbol{u} + \frac{1}{1-2\mu}\operatorname{grad}\operatorname{div}\boldsymbol{u}\right) = \varrho\,\frac{\partial^2 \boldsymbol{u}}{\partial t^2} \qquad (4.22)$$

annimmt.

Diese *partielle Vektordifferentialgleichung* beschreibt alle Vorgänge in einem isotropen elastischen Medium, die auf der Wechselwirkung von äußeren Kräften, Deformationen und Trägheitskräften beruhen. Ihre Lösung liefert die Komponenten u_k des Verschiebungsvektors $\boldsymbol{u}$ als Funktion der Ortskoordinate und der Zeit. Dabei müssen jedoch noch Randbedingungen berücksichtigt werden, die sich aus der Gleichheit von Spannungskräften und äußeren Kräften an der Oberfläche ergeben. Für ein Flächenelement dA gilt dann bei Berücksichtigung von Gl. (2.17)

$$\boldsymbol{n}\boldsymbol{\tau}\,\mathrm{d}A = \boldsymbol{s}\,\mathrm{d}A = \boldsymbol{s}_a\,\mathrm{d}A$$

oder

$$\boldsymbol{n}\boldsymbol{\tau} = \boldsymbol{s}_a, \qquad (4.23)$$

wobei $\boldsymbol{sa}$ dA die von außen übertragene Kraft ist.

4.4. Prinzipien der Mechanik in der Elastizitätstheorie

Die *Minimalprinzipien* der Mechanik der Punktsysteme gestatten die Herleitung der Bewegungsgleichungen ohne Berücksichtigung spezieller Eigenschaften dieser Systeme und bestimmter Koordinatensysteme. Fassen wir den elastischen Körper als Punktsystem auf, so müssen diese Minimalprinzipien ebenfalls die Bewegungsgleichung eines Kontinuums etwa in der Form (4.17b) und die entsprechenden Randbedingungen (4.23) ergeben. Im folgenden soll das für das D'ALEMBERT*sche und das* HAMILTON*sche Prinzip* gezeigt werden.

Charakterisieren wir den Zustand eines elastischen Körpers durch den Verschiebungsvektor $\boldsymbol{u}$, so nennen wir die Gesamtheit aller denkbaren mit den Randbedingungen verträglichen virtuellen Verrückungen $\delta\boldsymbol{u}$ jedes einzelnen Punktes die *virtuelle Verrückung* des Körpers.

Nach dem D'ALEMBERTschen Prinzip darf bei einer solchen virtuellen Verrückung von der Summe der eingeprägten und der Trägheitskräfte keine Arbeit geleistet werden. Bei der Verrückung eines Volumenelementes beträgt diese Arbeit

$$\delta W_V = \int \left(\boldsymbol{f} + \nabla\boldsymbol{\tau} - \varrho \frac{\partial^2 \boldsymbol{u}}{\partial t^2}\right) \delta\boldsymbol{u}\, \mathrm{d}V,$$

während für die Oberfläche die entsprechende Bilanz

$$\delta W_0 = \int (\boldsymbol{s}_a - \boldsymbol{n}\boldsymbol{\tau})\, \delta\boldsymbol{u}\, \mathrm{d}A$$

lautet. Dann muß insgesamt gelten

$$\delta W = \left\{\int \left(\boldsymbol{f} + \nabla\boldsymbol{\tau} - \varrho \frac{\partial^2 \boldsymbol{u}}{\partial t^2}\right) \mathrm{d}V + \int (\boldsymbol{s}_a - \boldsymbol{n}\boldsymbol{\tau})\, \mathrm{d}A\right\} \delta\boldsymbol{u} = 0. \tag{4.24}$$

Wegen der Unabhängigkeit der $\delta\boldsymbol{u}$ folgt hieraus unmittelbar

$$\nabla\boldsymbol{\tau} + \boldsymbol{f} - \varrho \frac{\partial^2 \boldsymbol{u}}{\partial t^2} = 0 \tag{4.25a}$$

und

$$\boldsymbol{n}\boldsymbol{\tau} = \boldsymbol{s}_a, \tag{4.25b}$$

in Übereinstimmung mit (4.17b) und (4.23).

Setzen wir voraus, daß die äußeren Kräfte ein Potential U besitzen, so lautet die LAGRANGE-*Funktion* L für ein Kontinuum

$$L = T - U = \int \left\{\frac{\varrho}{2}\left(\frac{\partial \boldsymbol{u}}{\partial t}\right)^2 - \Phi + \boldsymbol{f}\boldsymbol{u}\right\} \mathrm{d}V + \int \boldsymbol{s}_a \boldsymbol{u}\, \mathrm{d}A. \tag{4.26}$$

Dabei bedeuten Φ das elastische Potential entsprechend (4.14b) und

$$-\int \boldsymbol{f}\boldsymbol{u}\,\mathrm{d}V \quad \text{und} \quad -\int \mathbf{s}_a\boldsymbol{u}\,\mathrm{d}A$$

die Potentiale der äußeren Volumen- und Oberflächenkräfte. Nach dem HAMILTONschen Prinzip (vgl. z. B. STEPHANI, KLUGE 1975, WEIZEL 1963) muß das Integral

$$I = \int_{t_1}^{t_2} L\,\mathrm{d}t \tag{4.27}$$

ein Minimum werden. Diese Forderung ist gleichbedeutend mit dem Verschwinden der Variation, d. h.

$$\delta I = \delta \int_{t_1}^{t_2} L\,\mathrm{d}t = 0\,. \tag{4.28}$$

Dabei sind t_1 und t_2 festzuhalten. Zur Ausführung der Variation setzen wir

$$\delta\boldsymbol{u} = \boldsymbol{k}\,\delta\varepsilon\,, \tag{4.29}$$

wobei $\boldsymbol{k} = \boldsymbol{k}(\boldsymbol{r}, t)$ ein orts- und zeitabhängiger Vektor sein soll, während $\delta\varepsilon$ einen die Größe der Variation beschreibenden räumlich und zeitlich konstanten Parameter darstellt. Es gelten die Voraussetzungen

$$\boldsymbol{k}(\boldsymbol{r}, t_1) = \boldsymbol{k}(\boldsymbol{r}, t_2) = 0 \tag{4.30}$$

und $\boldsymbol{k} = 0$ auf A.

Damit schreibt sich die Beziehung (4.28)

$$\delta I = \int_{t_-}^{t_2}\int \left\{\varrho \frac{\partial \boldsymbol{u}}{\partial t}\,\frac{\partial \delta\boldsymbol{u}}{\partial t} - (\boldsymbol{\tau}\nabla)\,\delta\boldsymbol{u} + \boldsymbol{f}\,\delta\boldsymbol{u}\right\} \mathrm{d}t\,\mathrm{d}V$$

$$+ \int_{t_1}^{t_2} \mathbf{s}_a\,\delta\boldsymbol{u}\,\mathrm{d}t\,\mathrm{d}A\,,$$

wobei wir Gl. (4.14b) und den Zusammenhang (2.5) beachtet haben. Mit (4.29) folgt

$$\delta I = \delta\varepsilon \left[\int_{t_1}^{t_2} \int \left\{ \varrho \frac{\partial \boldsymbol{u}}{\partial t} \frac{\partial \boldsymbol{k}}{\partial t} - (\boldsymbol{\tau}\nabla)\, \boldsymbol{k} + \boldsymbol{f}\boldsymbol{k} \right\} \mathrm{d}t \, \mathrm{d}V + \int_{t_1}^{t_2} \boldsymbol{s}_a \boldsymbol{k} \, \mathrm{d}t \, \mathrm{d}A \right].$$

Partielle Integration ergibt

$$\int_{t_1}^{t_2} \varrho \frac{\partial \boldsymbol{u}}{\partial t} \frac{\partial \boldsymbol{k}}{\partial t} \, \mathrm{d}t = \varrho \frac{\partial \boldsymbol{u}}{\partial t} \boldsymbol{k} \Big|_{t_1}^{t_2} - \int_{t_1}^{t_2} \varrho \frac{\partial^2 \boldsymbol{u}}{\partial t^2} \boldsymbol{k} \, \mathrm{d}t$$

$$= - \int_{t_1}^{t_2} \varrho \frac{\partial^2 \boldsymbol{u}}{\partial t^2} \boldsymbol{k} \, \mathrm{d}t,$$

da der erste Term wegen (4.30) verschwindet. Mit der Umformung

$$\begin{aligned} \int (\boldsymbol{\tau}\nabla)\, \boldsymbol{k} \, \mathrm{d}V &= \int \nabla(\boldsymbol{\tau}\boldsymbol{k}) \, \mathrm{d}V - \int \boldsymbol{k}(\nabla\boldsymbol{\tau}) \, \mathrm{d}V \\ &= \int (\boldsymbol{n}\boldsymbol{\tau})\, \boldsymbol{k} \, \mathrm{d}A - \int \boldsymbol{k}\, (\nabla\boldsymbol{\tau}) \, \mathrm{d}V \end{aligned}$$

folgt für das HAMILTONsche Prinzip

$$\int_{t_1}^{t_2} \int \left\{ \boldsymbol{f} + \nabla\boldsymbol{\tau} - \varrho \frac{\partial^2 \boldsymbol{u}}{\partial t^2} \right\} \boldsymbol{k} \, \mathrm{d}t \, \mathrm{d}V + \int_{t_1}^{t_2} \int \{\boldsymbol{s}_a - \boldsymbol{n}\boldsymbol{\tau}\}\, \boldsymbol{k} \, \mathrm{d}t \, \mathrm{d}A = 0. \tag{4.31}$$

Wegen der unabhängigen Wahl des Vektors $\boldsymbol{k}$ gilt allgemein für das ganze Volumen

$$\boldsymbol{f} + \nabla\boldsymbol{\tau} - \varrho \frac{\partial^2 \boldsymbol{u}}{\partial t^2} = 0 \tag{4.32a}$$

und auf der Oberfläche

$$n\tau = s_a. \tag{4.32b}$$

Damit sind auch aus dem HAMILTON-*Prinzip* die *Bewegungsgleichungen* (4.17b) und die *Randbedingungen* (4.23) hergeleitet worden. Allerdings haben die Minimalprinzipien in der Mechanik der Kontinua nicht die gleiche Anwendungsbreite wie in der Mechanik der Massenpunktsysteme, da die direkte Herleitung der Bewegungsgleichungen aus der physikalischen Problemstellung in der Regel bequemer ist.

4.5. *Anwendungen der Elastizitätstheorie*

4.5.1. *Die gleichförmige Biegung*

Bei vielen praktischen Anwendungen, insbesondere auf technischem Gebiet, geht man nicht von der allgemeinen Bewegungsgleichung (4.22) aus, weil ihre Integration oft zu kompliziert bzw. gar nicht exakt realisierbar ist. Statt dessen entwickelt man Näherungsverfahren, die auf vereinfachenden Annahmen beruhen. Natürlich müssen die so gewonnenen Resultate an der Erfahrung geprüft und, falls erforderlich, eine genaue Fehleranalyse durchgeführt werden.

Ein Beispiel für diese Methode ist die von BERNOULLI entwickelte Theorie der *Balkenbiegung*, deren Ergebnisse in der Technik breite Anwendung finden. Dazu wird zunächst allgemein ein *elastischer Spannungszustand* behandelt, bei dem nur das Diagonalelement des Spannungstensors τ_{11} ungleich Null ist und der die bei einer *gleichförmigen Biegung* auftretenden Verschiebungen liefert.

Wir betrachten einen Balken aus homogenem Material mit konstantem Querschnitt (vgl. Abb. 4.5). Die Verbindungslinie der Schwerpunkte jedes einzelnen Querschnitts ist die *Balkenachse*, die im undeformierten Zustand mit der x_1-Achse zusammenfällt.

Da die Biegung Verschiebungen in der x_2-Richtung verursacht, setzen wir mit $c = \text{const}$

$$\tau_{11} = c x_2, \quad \tau_{ik} = 0 \quad \text{für } i, k \neq 1. \qquad (4.33)$$

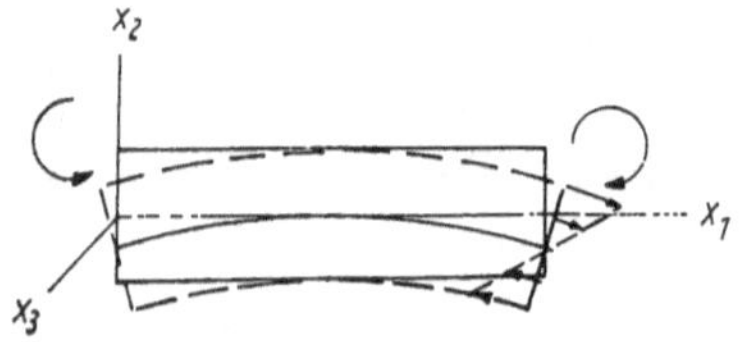

Abb. 4.5. Zur Balkenbiegung

Die entsprechenden Spannungen betragen am rechten Balkenende nach (4.23)

$$n_{x_1} \tau_{11} = s_1{}^a,$$

und am linken Balkenende

$$n_{x_1} \tau_{11} = -s_1{}^a$$

(der Übersichtlichkeit halber in Abb. 4.5 nicht eingezeichnet).

Die resultierende Kraft ist dann

$$F_1 = \pm \iint s_1{}^a \, dx_2 \, dx_3 = \pm c \iint x_2 \, dx_2 \, dx_3, \qquad (4.34)$$

die jedoch verschwindet, da der Balken als Ganzes nicht gedehnt wird. Im einzelnen werden dabei Längsschnitte oberhalb einer bestimmten Schicht — der *neutralen Faser* — gedehnt und unterhalb verkürzt.

Für das Drehmoment gilt dann

$$\begin{aligned} M_3 &= \pm \iint x_2 s_1{}^a \, dx_2 \, dx_3 \\ &= \pm c \iint x_2{}^2 \, dx_2 \, dx_3 = \pm c I. \end{aligned} \qquad (4.35)$$

Jede Querschnittscheibe dx_1 überträgt also das Moment $+cI$ nach links und das Moment $-cI$ nach rechts. Sie empfängt selbst das Moment $-cI$ von links und das Moment $+cI$ von rechts.

Die Größe

$$I = \iint x_2^2 \, dx_2 \, dx_3 \tag{4.36}$$

heißt das *Biegungsmoment* und wird in unexakter Ausdrucksweise mitunter Flächenträgheitsmoment genannt. Für einen kreisförmigen Querschnitt (Radius R) ist

$$I = \frac{R^4 \pi}{4} \tag{4.37}$$

und für eine rechteckige Balkenform der Höhe h und der Breite b

$$I = \frac{h^3 b}{12}. \tag{4.38}$$

Entsprechende Überlegungen liefern für einen im Innern gelegenen Querschnitt die gleichen Aussagen für die resultierenden Kräfte und eine zu (4.34) analoge Formel für die Drehmomente.

Nach dem HOOKEschen Gesetz (3.9a) lassen sich die aus der Spannung ε_{11} folgenden Verzerrungen ermitteln:

$$\varepsilon_{11} = \frac{\tau_{11}}{E} = \frac{c x_2}{E}, \; \varepsilon_{22} = \varepsilon_{33} = -\frac{\mu}{E} \tau_{11} = -\frac{\mu c x_2}{E} \tag{4.39}$$

während die Nichtdiagonalelemente verschwinden. Wir erkennen hier unmittelbar, daß für $x_2 = 0$ keine Dehnungen auftreten, d. h., daß die neutrale Faser beim Biegungsvorgang keine Längenänderung erfährt.

Nach Gleichung (2.8) gelten weiter die Zusammenhänge

$$\varepsilon_{11} = \frac{\partial u_1}{\partial x_1} = \frac{c x_2}{E}; \quad \frac{\partial u_2}{\partial x_2} = \varepsilon_{22} = -\frac{\mu}{E} c x_2;$$

$$\frac{\partial u_3}{\partial x_3} = \varepsilon_{33} = -\frac{\mu}{E} c x_2 \tag{4.40a}$$

und

$$\frac{\partial u_1}{\partial x_2} + \frac{\partial u_2}{\partial x_1} = 0; \; \frac{\partial u_1}{\partial x_3} + \frac{\partial u_3}{\partial x_1} = 0; \; \frac{\partial u_2}{\partial x_3} + \frac{\partial u_3}{\partial x_2} = 0. \qquad (4.40\text{b})$$

Wenn wir Translations- und Rotationsfreiheit des ganzen Körpers voraussetzen, treten hierzu die Gleichungen

$$\boldsymbol{u} = 0; \quad \operatorname{rot} \boldsymbol{u} = 0 \qquad (4.41\text{a})$$

oder

$$\frac{\partial u_1}{\partial x_2} - \frac{\partial u_2}{\partial x_1} = 0; \; \frac{\partial u_1}{\partial x_3} - \frac{\partial u_3}{\partial x_1} = 0; \; \frac{\partial u_2}{\partial x_3} - \frac{\partial u_3}{\partial x_2} = 0. \qquad (4.41\text{b})$$

Kombination dieser Gleichungen mit den Beziehungen (4.40b) liefert

$$\frac{\partial u_i}{\partial x_k} = 0 \quad \text{für } i \neq k. \qquad (4.42)$$

Die Integration der Gleichungen (4.40a) ergibt

$$\left.\begin{aligned} u_1 &= \frac{c x_2 x_1}{E} + f_1(x_2, x_3) \\ u_2 &= -\frac{\mu c x_2^2}{2E} + f_2(x_1 x_3) \\ u_3 &= -\frac{\mu c x_2 x_3}{E} + f_3(x_1 x_2) \end{aligned}\right\} \qquad (4.43)$$

Aus (4.40b) entstehen dann für die Funktionen f_1, f_2 und f_3 die Bedingungsgleichungen

$$\frac{\partial f_1}{\partial x_3} + \frac{\partial f_3}{\partial x_1} = 0; \quad -\frac{c x_3 \mu}{E} + \frac{\partial f_3}{\partial x_2} + \frac{\partial f_2}{\partial x_3} = 0; \qquad (4.44)$$

$$\frac{c x_1}{E} + \frac{\partial f_1}{\partial x_2} + \frac{\partial f_2}{\partial x_1} = 0.$$

Da f_1 nicht von x_1 und f_3 nicht von x_2 abhängen, gilt

$$\frac{\partial f_1}{\partial x_3} = -\frac{\partial f_3}{\partial x_1} = g(x_2)$$

oder nach Integration

$$f_1 = x_3 g(x_2) + h_1(x_2), \quad f_3 = -x_1 g(x_2) + h_3(x_2).$$

Aus den beiden anderen Gleichungen von (4.44) folgt bei Beachtung der Gleichheit der zweiten Ableitungen, daß g konstant sein muß. Da nach (4.42) keine linearen Glieder in einer Entwicklung der Verschiebungen auftreten können, kann man $f_1 = 0$ und $f_3 = 0$ setzen (Näheres s. z. B. WEIZEL 1963). Für f_2 bleiben schließlich die Gleichungen

$$\frac{\partial f_2}{\partial x_1} = -\frac{c x_1}{E}, \quad \frac{\partial f_2}{\partial x_3} = \frac{c x_3 \mu}{E}$$

und nach der Integration

$$f_2 = -\frac{c {x_1}^2}{2E} + \frac{c \mu {x_3}^2}{2E}. \tag{4.45}$$

Dann lauten die Verschiebungen

$$u_1 = \frac{c x_1 x_2}{E}, \quad u_3 = -\frac{\mu}{E} c x_2 + x_3,$$
$$u_2 = \frac{c}{2E} \{({x_3}^2 - {x_2}^2)\,\mu - {x_1}^2\}. \tag{4.46}$$

Bezeichnen wir die Koordinaten nach der Biegung mit x_1', x_2', x_3', so gelten die Zusammenhänge

$$x_1' = x_1 \left(1 + \frac{c x_2}{E}\right), \quad x_3' = x_3 \left(1 - \frac{\mu}{E} c x_2\right)$$
$$x_2' = x_2 + \frac{c}{2E} [({x_3}^2 - {x_2}^2)\,\mu - {x_1}^2]. \tag{4.47}$$

Für die neutrale Schicht $x_2 = 0$ erhalten wir hieraus die *Sattelfläche*

$$x_2' = \frac{c}{2E}\,(\mu x_3'^2 - x_1'^2). \tag{4.47a}$$

Betrachten wir eine durch $x_2 = x_{20}$ charakterisierte Ebene, die also zur neutralen Schicht parallel ist, so lautet die entsprechende Gleichung bei Beschränkung auf lineare Glieder in c

$$x' = x_{20} + \frac{c}{2E}\,[(x_3'^2 - x_{20}^{12})\,\mu - x_1'^2]. \tag{4.48}$$

Die Ebenen $x_3 = \text{const}$ neigen sich nur gegen die x_2-Achse. In Abb. 4.6 sind die Balkenquerschnitte vor und nach der Biegung wiedergegeben.

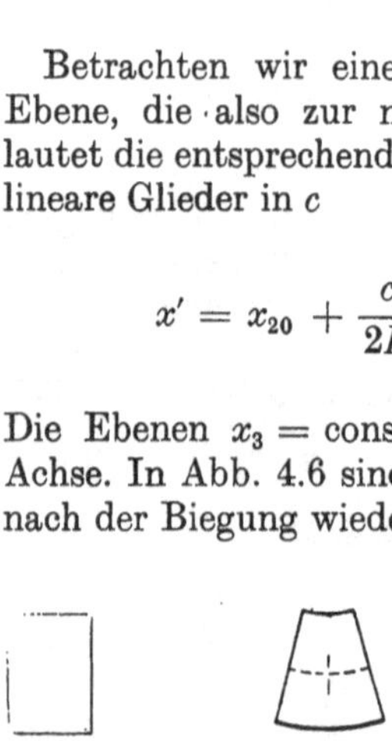

Abb. 4.6. Umrisse eines ursprünglich rechteckigen Balkenquerschnittes

Da wir längs des gesamten Balkens konstante Spannung und Verzerrung (vgl. (4.33) und (4.39)) angenommen haben, besitzt der gebogene Balken auch eine *konstante Krümmung*, d. h. die Balkenachse erhält die Form eines Kreises. Sein *Krümmungsradius* beträgt näherungsweise nach (4.48)

$$\frac{1}{\varrho_k} = k \approx \left|\frac{\mathrm{d}^2 x_2'}{\mathrm{d}x_1'^2}\right| = \frac{c}{E}. \tag{4.49}$$

Diese Unabhängigkeit der Krümmung von der Balkenlänge gilt aber nur bei konstantem Biegemoment (vgl. (4.35).

4.5.2. *Theorie der Balkenbiegung*

Wir untersuchen einen einseitig eingespannten Balken der Länge l (vgl. Abb. 4.7), an dessen freiem Ende die Kraft $\boldsymbol{F}$ angreift (*Kragträger*).

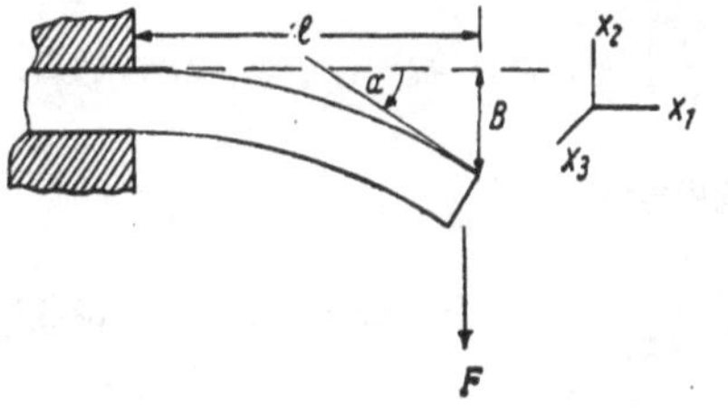

Abb. 4.7. Biegung eines einseitig eingespannten Balkens (Kragträger mit Einzelkraft)

Denkt man sich den Balken in Scheiben der Länge $\mathrm{d}x_1$ zerlegt, so wirkt infolge der Kraft $\boldsymbol{F}$ an der Stelle x_1 des Balkens ein Drehmoment

$$M_3 = -F(l - x_1)$$

um die x_3-Achse. Durch Vergleich mit (4.35) ergibt sich für die Größe c

$$c = -\frac{M_3}{I} = \frac{F(l - x_1)}{I} \tag{4.50}$$

die also noch von x_1 abhängt. In (4.35) ist jetzt das Minuszeichen zu wählen, da das äußere Moment durch das nach rechts übertragene Spannungsmoment kompensiert wird. Zweimalige Differentiation der dritten Gleichung von (4.46) nach x_1 liefert

$$\frac{\partial^2 u_2}{\partial {x_1}^2} = -\frac{c}{E} = -\frac{F(l - x_1)}{EI},$$

und durch Integration ergibt sich hieraus

$$\frac{\partial u_2}{\partial x_1} = -\frac{F\left(lx_1 - \frac{x_1^2}{2}\right)}{EI} + \varphi(x_2 x_3)$$

bzw.

$$u_2 = -\frac{F}{EI}\left(\frac{lx_1^2}{2} - \frac{x_1^3}{6}\right) + x_1\varphi(x_2, x_3) + \psi(x_2, x_3). \quad (4.51)$$

Aus den Randbedingungen

$$u_2 = 0, \quad \frac{\partial u_2}{\partial x_1} = 0 \quad \text{für } x_1 = 0, \quad (4.52)$$

d. h. der festen Lage des Balkens an der Einspannstelle, folgt

$$\varphi = \psi = 0 \quad (4.52\text{a})$$

und damit

$$u_2 = -\frac{F}{EI}\left(\frac{lx_1^2}{2} - \frac{x_1^3}{6}\right). \quad (4.53)$$

u_2 gibt also die Verschiebung einer zur x_1-Achse parallelen Balkenfaser an, die bei einem dünnen Balken denselben insgesamt repräsentieren kann.

Die Auslenkung $l = x_1$ liefert den *Biegungspfeil* B

$$B = -\frac{F}{EI}\frac{l^3}{3}, \quad (4.54)$$

während die *Balkenneigung am Ende*

$$\operatorname{tg}\alpha = \frac{\partial u_2}{\partial x_1} = -\frac{Fl^2}{2EI} \quad (4.55)$$

beträgt. Aus der Beziehung (4.54) kann bei bekannten F, l und I durch Messung des Biegungspfeiles B der Elastizitätsmodul E bestimmt werden.

Mit Hilfe der Formeln (4.37) und (4.38) ergeben sich für den Biegungspfeil eines Balkens mit kreisförmigem Querschnitt vom Radius R

$$B_k = -\frac{4}{3}\frac{Fl^3}{\pi E R^4} \tag{4.56a}$$

und für eine rechteckige Balkenform mit der Höhe h und der Breite b

$$B_R = -4\frac{Fl^3}{Eh^3b}. \tag{4.56b}$$

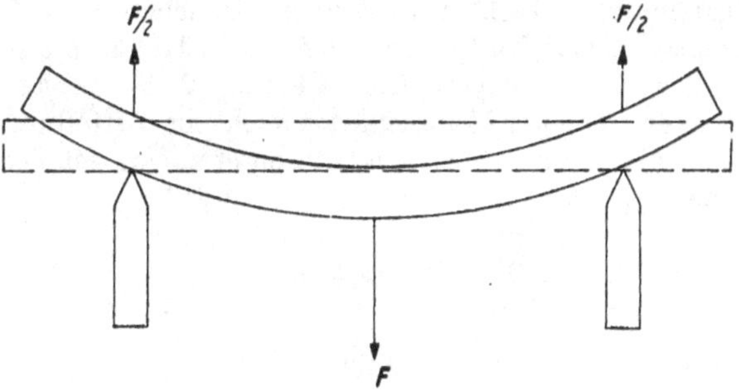

Abb. 4.8. Biegung eines auf zwei Stützen gelagerten Balkens

Auf das eben behandelte Problem läßt sich auch der *zweifach unterstützte* und in der Mitte durch eine Kraft $\boldsymbol{F}$ belastete Balken zurückführen (vgl. Abb. 4.8). Dazu denken wir uns den Balken in der Mitte eingeklemmt und mit der Kraft $\boldsymbol{F}/2$ in der entgegengesetzten Richtung belastet (Näheres s. z. B. WEIZEL 1963, SOMMERFELD 1957, BORCHARDT und BORCHARDT 1971). Durch diese Zerlegung in zwei Balken ist die Aufgabe auf das obige Problem zurückgeführt und wir finden aus (4.53)

$$u_2{}^* = -\frac{F}{2EI}\left(\frac{\frac{l}{2}\cdot\frac{l^2}{4}}{2} - \frac{\frac{l^3}{8}}{6}\right) = B^*$$

oder

$$B^* = -\frac{F}{EI}\frac{l^3}{48}. \tag{4.57}$$

Entsprechend läßt sich der an *beiden Enden eingespannte* und in der Mitte mit $\boldsymbol{F}$ belastete Balken durch Zerlegung in vier Balkenteile mit je $l/4$ berechnen.

Die hier wiedergegebene Theorie der Balkenbiegung liefert trotz ihres *Näherungscharakters* eine gute Übereinstimmung mit der Erfahrung. Dennoch enthält sie Voraussetzungen, die in einer exakten Theorie vermieden werden. Insbesondere ist die Annahme verschwindender Schubspannungen nicht real. Setzen wir neben $\tau_{11} \neq 0$ auch $\tau_{12} = \tau_{21}$ von Null verschieden an, so läßt sich aus der allgemeinen Gleichgewichtsbedingung (2.16) bei verschwindender äußerer Volumenkraft leicht die Verteilung der Schubspannungen über den betrachteten Querschnitt berechnen. Es ist nach (2.16)

$$\sum_{i=1}^{3} \frac{\partial \tau_{ik}}{\partial x_i} = 0, \quad k = 1, 2, 3,$$

woraus für unseren Spezialfall die Gleichungen

$$\frac{\partial \tau_{11}}{\partial x_1} + \frac{\partial \tau_{21}}{\partial x_2} = 0, \quad \frac{\partial \tau_{12}}{\partial x_1} = 0 \tag{4.58}$$

folgen. Andererseits gilt mit (4.33) und (4.50)

$$\tau_{11} = c x_2 = \frac{F(l - x_1)}{I} x_2$$

bzw.

$$\frac{\partial \tau_{11}}{\partial x_1} = +\frac{F x_2}{I} = -\frac{\partial \tau_{21}}{\partial x_2}. \tag{4.59}$$

Da nach der zweiten Gleichung von (4.58) τ_{12} nicht von x_1 abhängt, liefert die Integration einfach

$$\tau_{12}(x_2) = -\frac{F}{I}\frac{x_2^2}{2} + \bar{c}. \tag{4.60}$$

Aus dem Verschwinden der Schubspannung τ_{12} am Rande des Balkens bestimmt sich die Integrationskonstante $\bar{c}$ zu (h: Balkenhöhe)

$$\tau_{12}\left(\frac{h}{2}\right) = -\frac{F}{2I}\frac{h^2}{4} + \bar{c} = 0,$$

d. h.

$$\bar{c} = \frac{Fh^2}{8I}.$$

Für die Schubspannung finden wir somit insgesamt

$$\tau_{12} = \tau_{21} = \frac{F}{2I}\left(\frac{h^2}{4} - x_2^2\right). \tag{4.61}$$

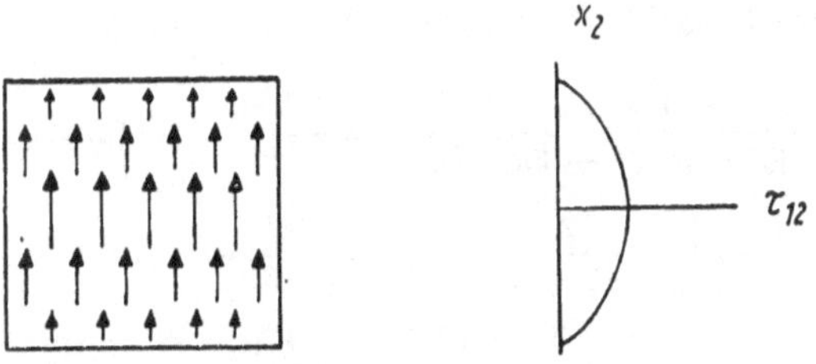

Abb. 4.9. Schubspannungsverteilung im Querschnitt eines Kragträgers

Die Verteilung der Spannungen am Querschnitt zeigt also einen *parabolischen Verlauf* (vgl. Abb. 4.9) und bewirkt eine Verwölbung der Querschnitte. Ist die Balkenlänge jedoch groß im Vergleich zu den Querschnittdimensionen, so brauchen diese Verwölbungen in der technischen Praxis nicht berücksichtigt zu werden, da die Normalspannungen wesentlich größere Verschiebungen als die Schubspannungen verursachen. Bezüglich strengerer Rechnungen sei auf die Spezialliteratur verwiesen (Szabo 1972).

4.5.3. Wellen in elastischen Medien

Die Grundgleichung der Bewegungsvorgänge in elastischen Medien (4.22) lautet bei abwesenden äußeren Volumenkräften

$$\frac{E}{2(1+\mu)}\left(\Delta \boldsymbol{u} + \frac{1}{1-2\mu}\,\mathrm{grad\,div}\,\boldsymbol{u}\right) = \varrho\,\frac{\partial^2 \boldsymbol{u}}{\partial t^2}. \tag{4.62}$$

Betrachten wir im folgenden den einfachen Fall, daß der Verschiebungsvektor $\boldsymbol{u}$ nur von einer Koordinate — z. B. x_1 — und der Zeit abhängt, d. h.

$$\boldsymbol{u} = \boldsymbol{u}(x_1, t), \quad \frac{\partial \boldsymbol{u}}{\partial x_2} = \frac{\partial \boldsymbol{u}}{\partial x_3} = 0, \tag{4.63}$$

so folgen aus (4.62) die Komponentengleichungen

$$\frac{E(1-\mu)}{(1+\mu)(1-2\mu)}\,\frac{\partial^2 u_1}{\partial x_1{}^2} = \varrho\,\frac{\partial^2 u_1}{\partial t^2}, \tag{4.64a}$$

$$\frac{E}{2(1+\mu)}\,\frac{\partial^2 u_2}{\partial x_1{}^2} = \varrho\,\frac{\partial^2 u_2}{\partial t^2}, \tag{4.64b}$$

$$\frac{E}{2(1+\mu)}\,\frac{\partial^2 u_3}{\partial x_1{}^2} = \varrho\,\frac{\partial^2 u_3}{\partial t^2}. \tag{4.64c}$$

Mit Hilfe der zunächst formal eingeführten Abkürzungen

$$v_e = \sqrt{\frac{E(1-\mu)}{\varrho(1+\mu)(1-2\mu)}}, \tag{4.65a}$$

$$v_t = \sqrt{\frac{E}{2\varrho(1+\mu)}} \tag{4.65b}$$

können wir diese Gleichungen in der Form

$$\frac{\partial^2 u_1}{\partial x_1{}^2} = \frac{1}{v_e{}^2}\,\frac{\partial^2 u_1}{\partial t^2} \tag{4.66a}$$

bzw.

$$\frac{\partial^2 u_i}{\partial x_1{}^2} = \frac{1}{v_t} \frac{\partial^2 u_i}{\partial t^2}, \quad i = 2;\,3 \tag{4.66b}$$

schreiben. (4.66a) und (4.66b) sind aber nichts anderes als die partiellen Differentialgleichungen *ebener Wellen.*

Zur genaueren Analyse der durch diese Gleichungen beschriebenen physikalischen Vorgänge, formen wir zunächst die Grundgleichung (4.62) mit Hilfe der vektoranalytischen Beziehung

$$\Delta \boldsymbol{u} = \operatorname{grad} \operatorname{div} \boldsymbol{u} - \operatorname{rot} \operatorname{rot} \boldsymbol{u} \tag{4.67}$$

um und spalten den Verschiebungsvektor $\boldsymbol{u}$ in einen *wirbelfreien* und in einen *quellenfreien* Anteil gemäß

$$\boldsymbol{u} = \boldsymbol{u}^{(1)} + \boldsymbol{u}^{(2)} = \operatorname{grad} \varphi + \operatorname{rot} \boldsymbol{A} \tag{4.68}$$

auf.

Der durch das *skalare Potential* φ charakterisierte wirbelfreie Anteil $\boldsymbol{u}^{(1)}$ erfüllt dann die Bedingungen

$$\operatorname{rot} \boldsymbol{u}^{(1)} = \operatorname{rot} \operatorname{grad} \varphi = 0, \quad \operatorname{div} \boldsymbol{u}^{(1)} \neq 0, \tag{4.69a}$$

während der durch das *Vektorpotential* $\boldsymbol{A}$ gekennzeichnete quellenfreie Teil $\boldsymbol{u}^{(2)}$ den Relationen

$$\operatorname{div} \boldsymbol{u}^{(2)} = \operatorname{div} \operatorname{rot} \boldsymbol{A} = 0; \quad \operatorname{rot} \boldsymbol{u}^{(2)} \neq 0 \tag{4.69b}$$

genügt. Dann gilt die Gleichung

$$\frac{E}{2(1+\mu)} \left[\frac{2(1-\mu)}{1-2\mu} \operatorname{grad} \operatorname{div} \boldsymbol{u}^{(1)} - \operatorname{rot} \operatorname{rot} \boldsymbol{u}^{(2)}\right] = \varrho \frac{\partial^2 \boldsymbol{u}^{(1)}}{\partial t^2} + \varrho \frac{\partial^2 \boldsymbol{u}^{(2)}}{\partial t^2}, \tag{4.70}$$

die wegen ihrer Linearität und bei Beachtung von (4.67), (4.69a) und (4.69b) in die Gleichungen

$$\frac{E(1-\mu)}{(1+\mu)(1-2\mu)} \Delta \boldsymbol{u}^{(1)} = \varrho \frac{\partial^2 \boldsymbol{u}^{(1)}}{\partial t^2} \tag{4.70a}$$

bzw.

$$\Delta u^{(1)} = \frac{1}{v_e^2} \frac{\partial^2 \boldsymbol{u}^{(1)}}{\partial t^2} \tag{4.70b}$$

und

$$\frac{E}{2(1+\mu)} \Delta \boldsymbol{u}^{(2)} = \varrho \frac{\partial^2 \boldsymbol{u}^{(2)}}{\partial t^2} \tag{4.71a}$$

bzw.

$$\Delta \boldsymbol{u}^{(2)} = \frac{1}{v_t^2} \frac{\partial^2 \boldsymbol{u}^{(2)}}{\partial t^2} \tag{4.71b}$$

zerfällt. Durch Einsetzen von (4.68) in die Wellengleichungen für $\boldsymbol{u}^{(1)}$ und $\boldsymbol{u}^{(2)}$ erkennt man leicht, daß die Potentiale φ und $\boldsymbol{A}$ entsprechenden Gleichungen

$$\Delta \varphi = \frac{1}{v_e^2} \frac{\partial^2 \varphi}{\partial t^2}; \quad \Delta \boldsymbol{A} = \frac{1}{v_t^2} \frac{\partial^2 \boldsymbol{A}}{\partial t^2} \tag{4.72}$$

genügen.

Da die *Wellengleichung* eine *lineare, partielle Differentialgleichung 2. Ordnung* ist, sind alle in den *Ortskoordinaten* und der *Zeit linearen Funktionen* entsprechende Integrale. Wir können demzufolge für die Lösung einer Wellengleichung

$$\Delta \psi = \frac{1}{v^2} \frac{\partial^2 \psi}{\partial t^2} \tag{4.73}$$

den Ansatz machen

$$\psi = f(a_1 x_1 + a_2 x_2 + a_3 x_3 + a_4 t). \tag{4.74}$$

Zweimaliges Differenzieren nach der Zeit und den Ortskoordinaten liefert

$$\frac{\partial^2\psi}{\partial t^2} = a_4^2 f'', \quad \Delta\psi = (a_1^2 + a_2^2 + a_3^2)\, f'', \tag{4.75}$$

wobei der Strich die Ableitung nach dem vollständigen Argument der Funktion f bedeutet. Einsetzen in (4.73) ergibt zunächst

$$a_4^2 = v^2(a_1^2 + a_2^2 + a_3^2),$$

und die Identifikation von a_1, a_2, a_3 mit den *Richtungskosinus* des *Normaleneinheitsvektors* $\boldsymbol{n}$ führt wegen $a_1^2 + a_2^2 + a_3^2 = 1$ zu

$$a_4 = \pm v. \tag{4.76}$$

Die Funktion ψ reduziert sich dann zu

$$\psi = f(\boldsymbol{rn} \pm vt) = f(\Phi). \tag{4.77}$$

$\Phi = \boldsymbol{rn} \pm vt$ heißt die *Phase der Welle.*

Differentiation der Phase Φ nach der Zeit ergibt

$$\frac{\mathrm{d}\Phi}{\mathrm{d}t} = \boldsymbol{n}\,\frac{\mathrm{d}\boldsymbol{r}}{\mathrm{d}t} \pm v. \tag{4.78}$$

Man erkennt hieraus unmittelbar, daß *Phasenkonstanz* für $\left|\frac{\mathrm{d}\boldsymbol{r}}{\mathrm{d}t}\right| = v$ und *paralleler* oder *antiparalleler Orientierung* von $\frac{\mathrm{d}\boldsymbol{r}}{\mathrm{d}t}$ zu $\boldsymbol{u}$ folgt. Die Flächen konstanter Phase bewegen sich also mit der Geschwindigkeit $\pm v$ durch den Raum; v nennt man daher auch die Phasengeschwindigkeit. Für einen festen Raumpunkt ist

$$\left(\frac{\partial\Phi}{\partial t}\right)_{x_1,x_2,x_3} = \pm v \tag{4.79}$$

die Geschwindigkeit, mit der die Phase an dieser Stelle wächst. Wellen, die den eben genannten Bedingungen genügen, heißen bekanntlich *ebene Wellen.* Im hier betrachteten allgemeinen Fall breiten sie sich in der Richtung von $\boldsymbol{u}$ aus, während im Spezialfall der Gleichungen (4.66a) und (4.66b) die Ausbreitung in der x_1-Richtung erfolgt.

In Abb. 4.10 sind die eben beschriebenen Vorgänge nochmals dargestellt.

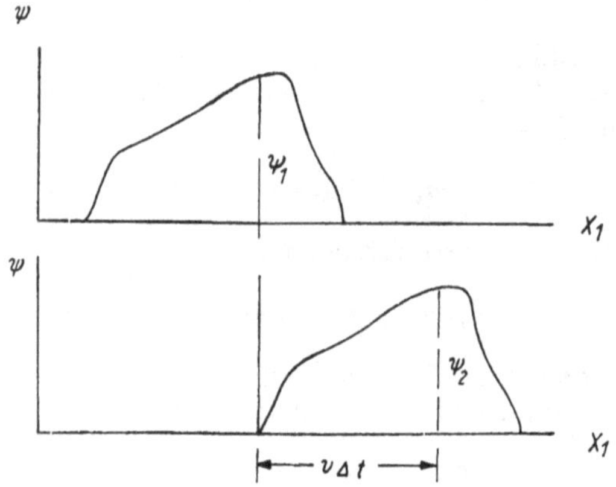

Abb. 4.10. Erläuterungsskizze zur Phasengeschwindigkeit

Zu einem festen Zeitpunkt $t^{(1)}$ wird durch $\psi_1 = f(x_1^{(1)}, v)$ ein bestimmter Verschiebungszustand an der Stelle $x_1^{(1)}$ gekennzeichnet. Für einen späteren Zeitpunkt $t^{(2)} > t^{(1)}$ existiert dann sicher ein Wert $x_1^{(2)} > x_1^{(1)}$, so daß

$$x_1^{(1)} - vt^{(1)} = x_1^{(2)} - vt^{(2)}$$

und damit auch

$$\psi^{(1)} = f(x_1^{(1)} - vt^{(1)}) = f(x_1^{(2)} - vt^{(2)}) = \psi^{(2)}$$

ist. Das bedeutet aber, wir haben nacheinander entlang der x_1-Richtung den gleichen Funktionswert, d. h. die Stellen *gleicher Phase* wandern mit der Geschwindigkeit

$$v = \frac{x_1^{(2)} - x_1^{(1)}}{t^{(2)} - t^{(1)}}$$

durch den Raum. $x_1^{(2)} - x_1^{(1)}$ ist ihr räumlicher und $t^{(2)} - t^{(1)}$ ihr zeitlicher Abstand. Falls f eine periodische Funktion ist, sprechen wir von einer *periodischen Welle.* Erwähnt sei schließlich noch, daß das Minuszeichen der Phasengeschwindigkeit einer Welle in positiver Argumentrichtung entspricht und umgekehrt.

Identifizieren wir nur die allgemeine Wellenfunktion ψ mit dem skalaren Potential φ unserer *elastischen Welle* entsprechend (4.68), so folgt

$$\boldsymbol{u}^{(1)} = \operatorname{grad} \varphi = \operatorname{grad} \varphi(\Phi) = f' \operatorname{grad} \Phi = f'\boldsymbol{n}, \tag{4.80}$$

wobei $\boldsymbol{n}$ also senkrecht auf den Ebenen $\Phi = \text{const}$, d. h. den Flächen konstanter Phase steht. $\boldsymbol{u}^{(1)}$ beschreibt damit eine Verschiebung in der Normalenrichtung $\boldsymbol{n}$, d. h. der Fortpflanzungsrichtung der Welle. Liegt $\boldsymbol{u}^{(1)}$ in der x_1-Richtung, so haben wir wieder eine ebene Welle entsprechend der Gleichung (4.66a). Es gilt dann

$$\Phi = x_1 - v_c t \tag{4.81a}$$

bzw.

$$\boldsymbol{u} = f'(x_1 - v_c t)\, \boldsymbol{e}_1\,, \tag{4.81b}$$

$\boldsymbol{u}^{(1)}$ beschreibt also eine wirbelfreie Verschiebung in der x_1-Richtung, d. h. eine *elastische longitudinale Welle.* Wegen (vgl. (2.32))

$$\begin{aligned} \Theta &= \operatorname{div} \boldsymbol{u}^{(1)} = \operatorname{div} (f'\boldsymbol{n}) \\ &= \boldsymbol{n} \operatorname{grad} f' = \boldsymbol{n} f'' \boldsymbol{n} = f'' \end{aligned} \tag{4.82}$$

ist mit dieser Welle eine Volumenänderung verbunden, die für $f'' > 0$ einer Ausdehnung und $f'' < 0$ einer Verdichtung entspricht. Elastische longitudinale Wellen, die sich mit der Geschwindigkeit v_e ausbreiten, heißen deshalb auch *Kompressionswellen.*

Setzen wir weiter mit einem konstanten Vektor $\boldsymbol{c}$

$$\psi \boldsymbol{c} = \boldsymbol{A}, \tag{4.83}$$

so folgt mit (4.68)

$$\boldsymbol{u}^{(2)} = \operatorname{rot} \boldsymbol{A} = \operatorname{rot} \boldsymbol{c}\psi = \operatorname{rot} \boldsymbol{c} f(\boldsymbol{n}\boldsymbol{r} - v_t t). \tag{4.84}$$

$\boldsymbol{u}^{(2)}$ befriedigt also die Wellengleichung des Typs (4.71b), und es gilt weiter

$$\boldsymbol{u}^{(2)} = \operatorname{rot} \boldsymbol{c} f = [\boldsymbol{n}\boldsymbol{c}]\, f'. \tag{4.85}$$

Das bedeutet aber, daß die Richtung der Verschiebung $\boldsymbol{u}^{(2)}$ senkrecht zur Ausbreitungsrichtung $\boldsymbol{n}$ liegt. Eine derartige Welle ist eine *transversale Welle,* die im Falle einer zur x_1-Richtung parallelen Ausbreitung durch die Gleichungen (4.66b) beschrieben wird. Wegen $\operatorname{div} \boldsymbol{u}^{(2)} = 0$ ist sie mit keinen Volumenänderungen verbunden. Sie wird *Scherungswelle* genannt.

Es gilt stets

$$\frac{v_e}{v_t} = \sqrt{\frac{2(1-\mu)}{1-2\mu}} > 1, \tag{4.86}$$

und für $\mu = \frac{1}{4}$ folgt speziell $v_e/v_t = \sqrt{3}$. Bei Erdbeben können beide Wellenarten gleichzeitig beobachtet werden und daraus ein Querschnittswert der Poisson-*Zahl* für *den* Teil des Erdinneren ermittelt werden, in dem die Wellen sich ausbreiten. Es ergibt sich für diesen Bereich der Wert $\mu \approx 0{,}29$.

Die oben beschriebene Wellenausbreitung ist nicht durch eine Begrenzung des Mediums eingeschränkt. Für die praktische Anwendung ist demgegenüber die Ausbreitung von *elastischen Wellen* in einem *Stab* von Bedeutung, dessen Querdimension klein gegenüber seiner

Länge ist. Im Vergleich zum unendlich ausgedehnten Medium können sich beim freien Stab die Querkontraktionen ungehindert ausbilden, während sie in einer elastisch angekoppelten Umgebung Gegenspannungen hervorrufen.

Die Behandlung von elastischen Wellen in langen, freien Stäben kann am einfachsten durch unmittelbare Analyse der auftretenden Verschiebungen erfolgen (vgl. Abb. 4.11). Legen wir die $x_1 = x$-Richtung in die Stabachse, so betragen nach (1.10) die Verschiebungen an den Stellen x und $x + \mathrm{d}x$

$$\varepsilon_x = \left(\frac{\partial u}{\partial x}\right)_x, \quad \varepsilon_{x+\mathrm{d}x} = \left(\frac{\partial u}{\partial x}\right)_{x+\mathrm{d}x}$$

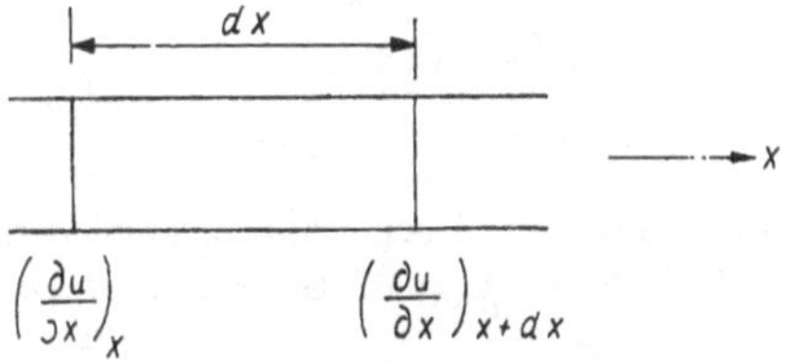

Abb. 4.11. Ausbreitung eindimensionaler elastischer Wellen

Mit Hilfe einer TAYLOR-Entwicklung für $\varepsilon_{x+\mathrm{d}x}$, die nach dem linearen Glied abgebrochen wird, ergibt sich für die Gesamtverzerrung des Stabelementes $\mathrm{d}x$

$$\varepsilon = \varepsilon_{x+\mathrm{d}x} - \varepsilon_x = \left[\left(\frac{\partial u}{\partial x}\right)_x + \left(\frac{\partial^2 u}{\partial x^2}\right)_x \mathrm{d}x - \left(\frac{\partial u}{\partial x}\right)_x\right]. \quad (4.87)$$

Aus der Dehnungs-Spannungsbeziehung (3.9a) folgt weiter bei Vernachlässigung der Querkontraktionen $(\mu = 0)$ $\varepsilon = \frac{1}{E}\tau$, woraus bei gegebener Stabquerschnittsfläche q die Kraft

$$F_x = Eq\varepsilon = Eq\left(\frac{\partial^2 u}{\partial x^2}\right)_x \mathrm{d}x \quad (4.88)$$

resultiert.

Einführung der Trägheitskraft $\varrho q \, dx \frac{\partial^2 u}{\partial t^2}$ liefert sofort

$$Eq \left(\frac{\partial^2 u}{\partial x^2} \right)_x dx = \varrho q \, dx \frac{\partial^2 u}{\partial t^2}$$

oder

$$\frac{\partial^2 u}{\partial x^2} = \frac{\varrho}{E} \frac{\partial^2 u}{\partial t^2}, \tag{4.89}$$

wobei nur der lokale Beitrag der Beschleunigung berücksichtigt wurde. Damit haben wir die Gleichung *ebener longitudinaler Wellen* erhalten mit der Ausbreitungsgeschwindigkeit

$$v_{es} = \sqrt{\frac{E}{\varrho}} \tag{4.90}$$

Setzen wir, entsprechend der Vernachlässigung von Querkontraktionen, in (4.65a) $\mu = 0$, so stimmen v_e und v_{es} überein.

Bezüglich weiterer elastischer Wellentypen, wie z. B. Kugelwellen, stehende Wellen usw. sowie ihrer Reflexion an den Grenzflächen zweier Medien, sei auf die weiterführende Literatur verwiesen (vgl. z. B. Weizel 1963, Sommerfeld 1957).

4.5.4. *Elastische Schwingungen*

4.5.4.1. *Saitenschwingungen*

Die Ausbreitung einer wellenförmigen Störung in einem begrenzten elastischen Kontinuum führt infolge von *Mehrfachreflexionen* an den Begrenzungsflächen zu schwer überschaubaren Bewegungszuständen. Bei einer vorhandenen *Dämpfung* ist es jedoch unter bestimmten

Voraussetzungen möglich, diese Mehrfachreflexionen zu vernachlässigen. Derartige Probleme spielen u. a. in der *Raumakustik* eine wichtige Rolle (SKUDRZYK 1954). Bedeutende Vereinfachungen ergeben sich schließlich für solche Körper, deren Dimensionen in einer oder zwei Richtungen wesentlich größer sind als in der anderen. Hierzu gehören Saiten, Platten, Membranen und dgl. Als einfaches Beispiel sollen im folgenden *Saitenschwingungen* näher untersucht werden.

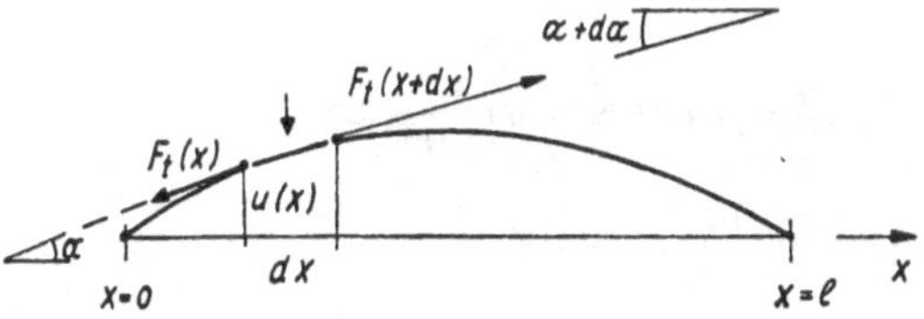

Abb. 4.12. Kräfte und Verschiebungen an einer gespannten Saite

Unter einer *Saite* wird ein elastischer Körper verstanden, dessen Querdimensionen gegenüber seiner Länge vernachlässigbar sind. Im Sinne der Biegungstheorie kann eine Saite als neutrale Faser aufgefaßt werden, d. h. sie besitzt damit auch keinen Biegungswiderstand. Die Saite soll die Länge l, den Querschnitt q und das Material die Dichte ϱ besitzen. Sie sei an ihren Endpunkten $x = 0$ und $x = l$ eingespannt (s. Abb. 4.12), so daß an jedem Querschnitt in der Ruhelage die tangentiale Kraft F_t angreift. Bei einer Auslenkung wird zwar diese Kraft vergrößert, eine rücktreibende Resultante ergibt sich jedoch erst infolge der unterschiedlichen tangentialen Kraftrichtungen am Ende eines Saitenelementes dx. Falls die bei der Rückbewegung erreichte kinetische Energie größer als die potentielle Energie in der Ruhelage ist, kommt es zu Schwingungsbewegungen, die praktisch gedämpft sind.

Die rücktreibende Kraft F_R errechnet sich bei Beschränkung auf kleine Auslenkungen ($\sin\alpha \approx \alpha$) zu

$$F_R = F_t(x + \mathrm{d}x) - F_t(x) = F_t[\sin(\alpha + \mathrm{d}\alpha) - \sin\alpha]$$
$$= F_t\,\mathrm{d}\alpha = qs\,\mathrm{d}\alpha\,, \qquad (4.91)$$

wobei s die von der Kraft F_t bewirkte Spannung ist. Wegen

$$\frac{\partial u}{\partial x} = \mathrm{tg}\,\alpha \approx \alpha\,; \quad \mathrm{d}\alpha = \frac{\partial^2 u}{\partial x^2}\,\mathrm{d}x$$

folgt

$$F_R = qs\,\mathrm{d}\alpha = qs\,\frac{\partial^2 u}{\partial x^2}\,\mathrm{d}x\,.$$

Andererseits ist die Trägheitskraft

$$F_R = q\varrho\,\frac{\partial^2 u}{\partial t^2}\,\mathrm{d}x\,,$$

so daß als Bewegungsgleichung

$$\frac{\partial^2 u}{\partial x^2} = \frac{1}{v_t^2}\,\frac{\partial^2 u}{\partial t^2} \qquad (4.92)$$

mit

$$v_t = \sqrt{\frac{s}{\varrho}} = \sqrt{\frac{F_t}{q\varrho}} \qquad (4.92\,\mathrm{a})$$

folgt. Gl. (4.92) ist die bekannte eindimensionale Wellengleichung (s. (4.66b)); v_t enthält jedoch im Gegensatz zur Ausbreitungsgeschwindigkeit im Stab (vgl. (4.90)) nicht den Elastizitätsmodul des Materials, sondern die vorhandene Spannung.

Die Gleichung (4.92) ist durch die vorliegenden Randbedingungen zu ergänzen. Aus Abb. 4.12 ergibt sich unmittelbar

$$u(x, t) = 0 \quad \text{für} \quad x = 0 \quad \text{und} \quad x = l\,. \qquad (4.93)$$

Mit Hilfe des *Separationsansatzes*

$$u(x, t) = \bar{u}(x)\,\mathrm{e}^{i\omega t}, \quad i = \sqrt{-1}, \tag{4.94}$$

folgt für $\bar{u}$ die gewöhnliche Differentialgleichung

$$\frac{\mathrm{d}^2\bar{u}}{\mathrm{d}x^2} + k^2\bar{u} = 0 \tag{4.95}$$

mit

$$k = \omega \sqrt{\frac{\varrho}{s}}. \tag{4.95a}$$

Ihre bekannte Lösung lautet

$$\bar{u} = A\mathrm{e}^{\pm ikx}, \tag{4.96}$$

und man erhält nach (4.94)

$$\overset{(1,2)}{u(x,t)} = A\mathrm{e}^{i(\omega t \pm kx)}. \tag{4.97}$$

Um die Randbedingungen erfüllen zu können, bilden wir die Differenz

$$\begin{aligned} u = u^{(1)} - u^{(2)} &= A\mathrm{e}^{i\omega t}\left(\mathrm{e}^{i\omega x\sqrt{\frac{\varrho}{s}}} - \mathrm{e}^{-i\omega x\sqrt{\frac{\varrho}{s}}}\right) \\ &= 2iA\mathrm{e}^{i\omega t} \sin \omega x \sqrt{\frac{\varrho}{s}} \end{aligned}$$

ober bei Übergang zur reellen Darstellung und unter Benutzung neuer Konstanten a und b

$$u(x, t) = (a \cos \omega t + b \sin \omega t) \sin \omega x \sqrt{\frac{\varrho}{s}}. \tag{4.98}$$

Die Randbedingungen erfordern jetzt

$$\left.\begin{aligned} &u(0, t) = 0 \\ &u(l, t) = (a \cos \omega t + b \sin \omega t) \sin \omega l \sqrt{\frac{\varrho}{s}} = 0 \end{aligned}\right\} \tag{4.99}$$

Während die erste dieser Gleichungen durch (4.98) unmittelbar erfüllt wird, erfordert die zweite Beziehung von (4.99), daß

$$\omega l \sqrt{\frac{\varrho}{s}} = n\pi \quad \text{oder} \quad \omega_n = 2\pi\nu_n = \frac{n\pi}{l}\sqrt{\frac{s}{\varrho}} \tag{4.100a}$$

bzw.

$$\nu_n = \frac{n}{2l}\sqrt{\frac{s}{\varrho}} = \frac{n}{2l}\sqrt{\frac{F_t}{\varrho q}} = \frac{n}{2l}\, v_t \tag{4.100b}$$

ist. Die Saite vollführt also *Transversalschwingungen* mit diskreter Frequenzfolge ν_n, wobei n von $1 \cdots \infty$ laufen kann. Diese Schwingungen können als stehende Wellen aufgefaßt werden, die sich durch Superposition zweier entgegengesetzt laufender Wellenzüge (vgl. (4.97)) ausbilden.

Die Mode $n = 1$ bezeichnet man als *Grundschwingung*; ihre Wellenlänge ist gemäß $\nu_n \lambda = v_t$ gleich der doppelten Saitenlänge, wie leicht der Beziehung (4.100) zu entnehmen ist. $n = 2$ ergibt die *erste Oberschwingung* mit $\lambda = l$ usw.

Insgesamt handelt es sich bei der Saitenschwingung um ein *Eigenwertproblem* mit den *Eigenwerten* $K_n = \omega_n \sqrt{\frac{\varrho}{s}} = \frac{n\pi}{l}$. Die zu K_n gehörigen Lösungen werden *Eigenfunktionen* genannt; sie sind die mit den Randbedingungen verträglichen Lösungen, d. h. wie wir gesehen haben, Lösungen mit ganzzahligem n.

Wegen der Linearität der Wellengleichung (4.92) sind auch die additiven Verknüpfungen

$$u(x, t) = \sum_{n=1}^{\infty} (a_n \cos 2\pi\nu_n t + b_n \sin 2\pi\nu_n t) \sin \frac{n\pi x}{l} \tag{4.101}$$

Integrale dieser Gleichung. Der zeitabhängige Anteil stellt eine FOURIER-Reihe dar, so daß sich die Koeffizienten a_n und b_n aus den Anfangsbedingungen

$$u(x, 0) = u_0(x) = \sum_{n=1}^{\infty} a_n \sin \frac{n\pi}{l} x, \qquad (4.102\,\text{a})$$

$$\dot{u}(x, 0) = \left.\frac{\partial u}{\partial t}\right|_{t=0} = \sum_{n=1}^{\infty} 2\pi\nu_n b_n \sin \frac{n\pi}{l} x \qquad (4.102\,\text{b})$$

gemäß

$$a_n = \frac{2}{l} \int_0^l u_0(x) \sin \frac{n\pi}{l} x \, \mathrm{d}x \qquad (4.103)$$

und

$$b_n = \frac{2}{l} \int_0^l \dot{u}_0(x) \sin \frac{n\pi}{l} x \, \mathrm{d}x \qquad (4.104)$$

ermitteln lassen. Die Anfangsbedingungen bestimmen also die Stärke, d. h. die *Amplituden* der einzelnen Schwingungsmoden. Die Grundfrequenz, d. h. $n = 1$, legt im akustischen Bereich die *Tonhöhe* fest, alle Moden für $n \geqq 2$ die *Klangfarbe*.

Die hier für eine Saite wiedergegebene Theorie läßt sich, wie schon erwähnt, analog auch auf zweidimensionale Probleme verallgemeinern. Hierzu sei auf entsprechende weiterführende Literatur verwiesen (vgl. z. B Joos 1956, Stephani-Kluge 1975).

4.5.4.2. *Berechnung von Schwingerketten mit Hilfe von Übertragungsmatrizen*

Wir betrachten eine *Schwingerkette*, deren Glieder durch Stabelemente realisiert werden, und die Longitudinalschwingungen, d. h. Verschiebungen $u(x, t)$ in Richtung der Stabachse, ausführen können (vgl. Abb. 4.13).

Diese Verschiebungen genügen der eindimensionalen Wellengleichung gemäß (4.66a)

$$\frac{\partial^2 u}{\partial x_1^2} = \frac{1}{v_e^2}\frac{\partial^2 u}{\partial t^2}, \tag{4.105}$$

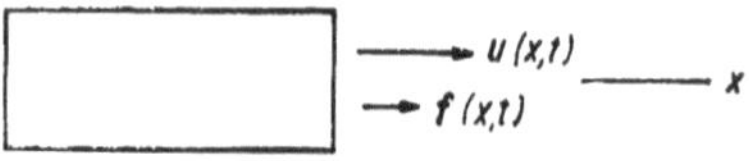

Abb. 4.13. Longitudinalwellen in einem Stab

wobei v_e die Schallgeschwindigkeit im Stab ist. Der Separationsansatz

$$u(x, t) = \tilde{u}(x) \cos \omega t$$

führt wiederum zu

$$\frac{d^2\tilde{u}}{dx^2} + k^2\tilde{u} = 0 \tag{4.106}$$

mit

$$\frac{\omega^2}{v_e^2} = \left(\frac{2\pi}{\lambda}\right)^2 = k^2 \tag{4.106a}$$

und der Lösung

$$\tilde{u} = a \cos kx + b \sin kx. \tag{4.106b}$$

Die zur Dehnung des Querschnitts erforderliche Kraft beträgt nach den elastischen Grundgesetzen

$$F = \tau_{11}A = \tau A = EA\varepsilon = EA\,\frac{du}{dx}, \tag{4.107}$$

da keine Querkontraktionen berücksichtigt werden. Die Randbedingungen

$$\left.\begin{aligned} \tilde{u}(0) &= u_0; \quad \tilde{u}(x) = \tilde{u}; \\ F(0) &= F_0; \quad F(x) = F \end{aligned}\right\} \tag{4.108}$$

gestatten die Bestimmung der Konstanten a und b, so daß sich die Beziehungen

$$\tilde{u} = \tilde{u}_0 \cos kx + \frac{F_0}{EAk} \sin kx, \qquad (4.109\text{a})$$

$$F = -EAk\tilde{u}_0 \sin kx + F_0 \cos kx \qquad (4.109\text{b})$$

ergeben.

Führen wir durch $\varepsilon = \frac{\Delta l}{l}$ die relative Längenänderung ein,

$$F = \frac{EA}{l} \Delta l = c_f \Delta l = \frac{1}{h} \Delta l, \qquad (4.110)$$

so entspricht c_f einer Federkonstanten, während der reziproke Wert $h = 1/c_f$ der sog. *Mitgang* des als Dehnungsfeder aufgefaßten Stabes ist. Mit Hilfe eines willkürlichen *Bezugsmitganges* h^* lassen sich Verschiebung und Kraft an der Stelle $x = l$ bei Beachtung von (4.110) auf die Form

$$\tilde{u}(l) = \tilde{u}_0 \cos kl + \frac{F_0 h}{kl} \cdot \frac{h^*}{h^*} \sin kl, \qquad (4.111\text{a})$$

$$h^* F(l) = -\frac{kl}{n} h^* u_0 \sin kl + F_0 h^* \cos kl \qquad (4.111\text{b})$$

bringen, wobei beide Beziehungen jetzt dimensionsgleich sind.

Mit der Abkürzung $kl = n$ können wir (4.111a) und (4.111b) zu einer Matrizengleichung zusammenfassen

$$\begin{pmatrix} \tilde{u}(l) \\ h^* F(l) \end{pmatrix} = (u_0 \; h^* \; F_0) \begin{pmatrix} \cos n - \frac{nh^*}{h} \sin n \\ \frac{h}{h^* n} \sin n \quad \cos n \end{pmatrix}. \qquad (4.112)$$

Da die Stellen $x = 0$ und $x = l$ ein *beliebiges Kettenglied* herausgreifen, kann der durch die Beziehung (4.112) charakterisierte Zusammenhang auf beliebige Zustände in der Kette verallgemeinert werden. Der Zustand an der Stelle x_i werde durch den Vektor

$$\boldsymbol{Z}_i = \begin{pmatrix} \tilde{u}_i \\ h^* F_i \end{pmatrix} \tag{4.113a}$$

beschrieben, so daß der Übergang von einem Zustand

$$\boldsymbol{Z}_{i-1} = \begin{pmatrix} \tilde{u}_{i-1} \\ h^* F_{i-1} \end{pmatrix} \tag{4.113b}$$

zum Zustand $\boldsymbol{Z}_i$ entsprechend (4.112) durch die Matrizengleichung

$$\boldsymbol{Z}_i = \boldsymbol{Z}_{i-1} \boldsymbol{T}_i \tag{4.114}$$

gegeben ist. Die *Übertragungsmatrix* $\boldsymbol{T}_i$ lautet (vgl. auch KLOTTER 1960)

$$\boldsymbol{T}_i = \begin{pmatrix} \cos n_i & -\dfrac{n_i h^*}{h_i} \sin n_i \\ \dfrac{h_i}{h^* n_i} \sin n_i & \cos n_i \end{pmatrix}. \tag{4.115}$$

Durch sukzessive Anwendung der Gleichung (4.114) lassen sich diese Überlegungen leicht auf eine Schwingerkette mit beliebiger Stabzahl ausdehnen. Nach Abb. 4.14

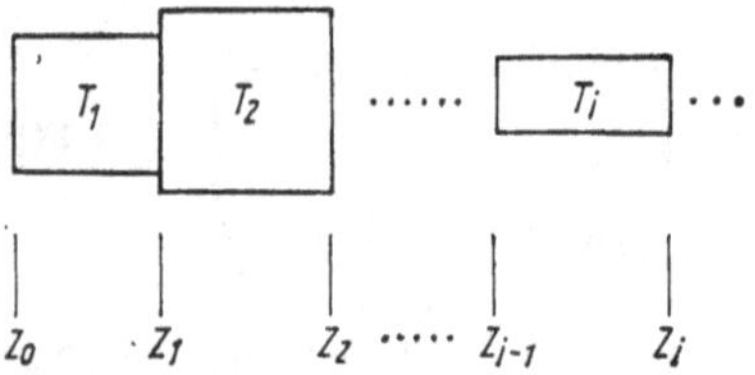

Abb. 4.14. Schematische Darstellung einer Schwingerkette

gilt dann

$$\begin{aligned} \boldsymbol{Z}_1 &= \boldsymbol{Z}_0 \boldsymbol{T}_1, \\ \boldsymbol{Z}_2 &= \boldsymbol{Z}_1 \boldsymbol{T}_2 = \boldsymbol{Z}_0 \boldsymbol{T}_1 \boldsymbol{T}_2, \\ &\vdots \\ \boldsymbol{Z}_i &= \boldsymbol{Z}_{i-1} \boldsymbol{T}_i \end{aligned}$$

oder allgemein

$$\boldsymbol{Z}_i = \boldsymbol{Z}_0 \boldsymbol{T}_1 \boldsymbol{T}_2 \cdots \boldsymbol{T}_{l-1} \boldsymbol{T}_i \tag{4.116}$$

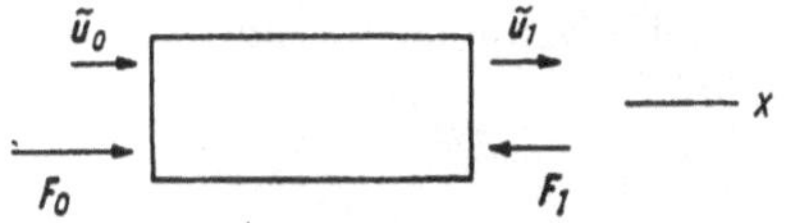

Abb. 4.15. Kräfte und Verschiebungen an einem Element der Schwingerkette

Für ein *starr* schwingendes Kettenelement (vgl. Abb. 4.15), dessen Teile also keine gegenseitigen Verschiebungen erleiden, vereinfacht sich die Übertragungsmatrix wesentlich. Nach dem NEWTONschen Grundgesetz der Mechanik gilt offensichtlich bei Beachtung von $u(x, t) = \tilde{u}(x) \cos \omega t$ und im Falle einer periodischen Kraft

$$m_0 \frac{\partial^2 u}{\partial t^2} = -m_0 \omega^2 \tilde{u} \cos \omega t = (F(l) - F(0)) \cos \omega t. \tag{4.117}$$

Wegen der Starrheit ist nun

$$\tilde{u}(l) = \tilde{u}(0), \tag{4.118a}$$

und damit folgt aus (4.117)

$$h^* F(l) = -h^* m_0 \omega^2 \tilde{u}(0) + F(0)\, h^*. \tag{4.118b}$$

Beide Gleichungen (4.118a) und (4.118b) lassen sich wieder zu einer Matrizengleichung

$$\boldsymbol{Z}_s = \boldsymbol{Z}_0 \boldsymbol{T}_s \tag{4.119}$$

zusammenfassen, wobei

$$\boldsymbol{T}_s = \begin{pmatrix} 1 & -h^* m_0 \omega^2 \\ 0 & 1 \end{pmatrix} \tag{4.120}$$

die Übertragungsmatrix eines starren Kettenelementes ist. Durch Verwendung der jeweiligen Übertragungsmatrix $\boldsymbol{T}_i$ bzw. $\boldsymbol{T}_s$ ist das Matrizenverfahren auch leicht auf *gemischte Schwingerketten* auszudehnen.

Abschließend soll dieses Verfahren auf einen sog. *Sandwichschwinger* (vgl. Abb. 4.16) angewandt werden.

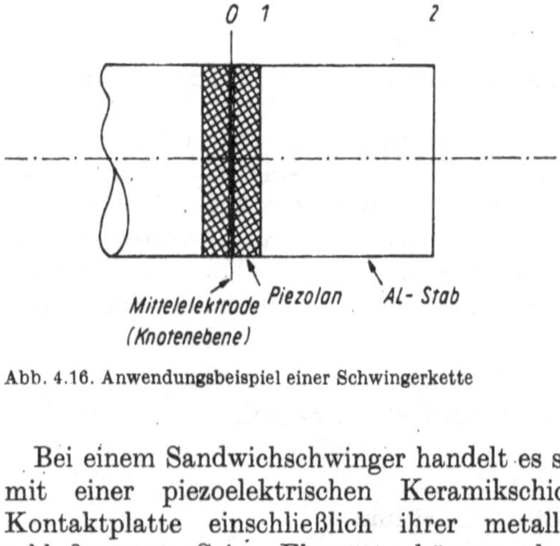

Abb. 4.16. Anwendungsbeispiel einer Schwingerkette

Bei einem Sandwichschwinger handelt es sich um eine mit einer piezoelektrischen Keramikschicht belegte Kontaktplatte einschließlich ihrer metallischen Anschlußmassen. Seine Elemente können als Schwingerketten aufgefaßt werden. Dabei erfolge die Anregung von der Kontaktplatte aus in der Weise, daß sich dort ein Schwingungsknoten befindet, d. h. $u(0) = 0$ und

$$\boldsymbol{Z}_0 = \begin{pmatrix} 0 \\ h^* F_0 \end{pmatrix}. \tag{4.121}$$

Vernachlässigen wir die Dicke der Kontaktplatte, setzen die Kraft am Ende der Anschlußmasse gleich

Null und bemessen die Länge l_2 dieser Masse so, daß sich an ihrem Ende (Querschnitt 2) ein Schwingungsbauch befindet, so lautet der Zustandsvektor

$$\boldsymbol{Z}_2 = \begin{pmatrix} u_2 \\ 0 \end{pmatrix}. \tag{4.122}$$

Die Gleichung (4.116) erhält mit den Bezeichnungen der Abb. 4.15 und bei Beachtung von (4.115) die Form

$$\begin{aligned} \boldsymbol{Z}_2 &= (0 \;\; h^* F_0) \begin{pmatrix} \cos n_1 & -\dfrac{n_1 h^*}{h_1} \sin n_1 \\ \dfrac{h_1}{h^* n_1} \sin n_1 & \cos n_1 \end{pmatrix} \begin{pmatrix} \cos n_2 & -\dfrac{n_2 h^*}{h_2} \sin n_2 \\ \dfrac{h_2}{h^* n_2} \sin n_2 & \cos n_2 \end{pmatrix} \\ &= \boldsymbol{Z}_0 \boldsymbol{T}_1 \boldsymbol{T}_2 = \boldsymbol{Z}_1 \cdot \boldsymbol{T}_2 . \end{aligned} \tag{4.123}$$

Die Ausführung der Matrizenmultiplikation ergibt

$$\boldsymbol{Z}_2 = \begin{pmatrix} \dfrac{F_0 h_1}{\tilde{u}_1} \sin n_1 & h^* F_0 \cos n_1 \end{pmatrix} \begin{pmatrix} \cos n_2 & -\dfrac{n_2 h^*}{h_2} \sin n_2 \\ \dfrac{h_2 \sin n_2}{h^* n_2} & \cos n_2 \end{pmatrix}. \tag{4.124}$$

Daraus folgen die beiden Gleichungen

$$\tilde{u}_2 = \frac{F_0 h_1}{n_1} \sin n_1 \cos n_2 + \frac{F_0 h_2}{n_2} \cos n_1 \sin n_2 , \tag{4.125a}$$

$$0 = -F_0 h^* h_1 \frac{n_2}{h_2 n_1} \sin n_1 \sin n_2 + h^* F_0 \cos n_1 \cos n_2 . \tag{4.125b}$$

Wegen des Zusammenhanges (4.90) $E = \varrho v_e^2$ und unter Berücksichtigung der Beziehungen (4.106a), (4.110) und $kl = n$ ergibt sich die Gleichung

$$\frac{h_1 n_2}{h_2 n_1} = \frac{\varrho_2 v_{e2} A_2}{\varrho_1 v_{e1} A_1}, \tag{4.126}$$

und mit (4.125b) erhält man

$$\frac{\varrho_2 v_{e2} A_2}{\varrho_1 v_{e1} A_1} \tan n_1 \tan n_2 = 1. \tag{4.127}$$

Auflösen dieser Beziehung nach n_2 liefert

$$n_2 = \frac{\omega l_2}{v_{e2}} = \frac{\pi}{2} - \arctan\left[\frac{\varrho_2 v_{e2} A_2}{\varrho_1 v_{e1} A_1} \tan\left(\frac{\omega l_1}{v_{e1}}\right)\right], \tag{4.128}$$

wobei (4.106a) beachtet wurde. Hieraus kann die erforderliche Länge l_2 der Anschlußmasse für eine gegebene Frequenz berechnet werden.

Hat der Sandwichschwinger an einem Ende einen Bolzenkopf (z. B. den Kopf der Befestigungsschraube), so kann die vorstehende Theorie entsprechend ergänzt werden. Die Schwingerkette ist dann durch die starre Einzelmasse m_0 verlängert (vgl. Abb. 4.17). Nach (4.116) und (4.120) ergibt sich für den Zustandsvektor am Ende der Schwingerkette

$$\boldsymbol{Z}_3 = \boldsymbol{Z}_2 \begin{pmatrix} 1 & -h^* m_0 \omega^2 \\ 0 & 1 \end{pmatrix} = \begin{pmatrix} \hat{u}_3 \\ 0 \end{pmatrix}, \tag{4.129}$$

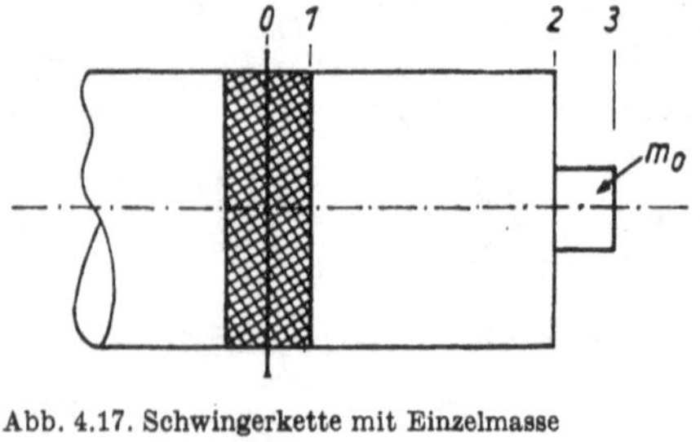

Abb. 4.17. Schwingerkette mit Einzelmasse

wobei wieder Kräftefreiheit an diesem Ende (Querschnitt 3) angenommen wurde. Da $\boldsymbol{Z}_2$ jetzt die Form

$$\boldsymbol{Z}_2 = \begin{pmatrix} \tilde{u}_2 \\ h^* F_2 \end{pmatrix}$$

hat, lassen sich die Gleichungen (4.125a) und (4.125b) verallgemeinert schreiben:

$$\tilde{u}_2 = \frac{F_0 h_1}{n_1} \sin n_1 \cos n_2 + \frac{F_0 h_2}{n_2} \cos n_1 \sin n_2, \qquad (4.130\,\mathrm{a})$$

$$h^* F_2 = -\frac{F_0 h^* h_1 n_2}{h_2 n_1} \sin n_1 \sin n_2 + h^* F_0 \cos n_1 \cos n_2. \qquad (4.130\,\mathrm{b})$$

Ausführung der Matrizenmultiplikation gemäß (4.129) ergibt dann die Beziehungen

$$\tilde{u}_3 = \frac{F_0 h_1}{n_1} \sin n_1 \cos n_2 + \frac{F_0 h_2}{n_2} \cos n_1 \sin n_2, \qquad (4.131\,\mathrm{a})$$

$$0 = -F_0 h^* \left[m_0 \omega^2 \left(\frac{h_1}{n_1} \sin n_1 \cos n_2 + \frac{h_2}{n_2} \cos n_1 \sin n_2 \right) + \frac{h_1 n_2}{h_2 n_1} \sin n_1 \sin n_2 - \cos n_1 \cos n_2 \right], \qquad (4.131\,\mathrm{b})$$

aus denen sich auf analogem Wege wie oben n_2 ermitteln läßt,

$$n_2 = \frac{\pi}{2} - \arctan \left[\frac{\dfrac{\varrho_2 A_2 v_{e2}}{\varrho_1 A_1 v_{e1}} \tan n_1 + \dfrac{m_0 \omega}{\varrho_2 A_2 v_{e2}}}{1 - \dfrac{\omega m_0}{\varrho_1 A_1 v_{e1}} \tan n_1} \right]. \qquad (4.132)$$

Für $m_0 = 0$ werden die Gleichungen (4.132) und (4.128) identisch.

In Abb. 4.18 ist die Länge l_2 der Anschlußmasse für zwei verschiedene Sandwichschwinger mit Aluminium-

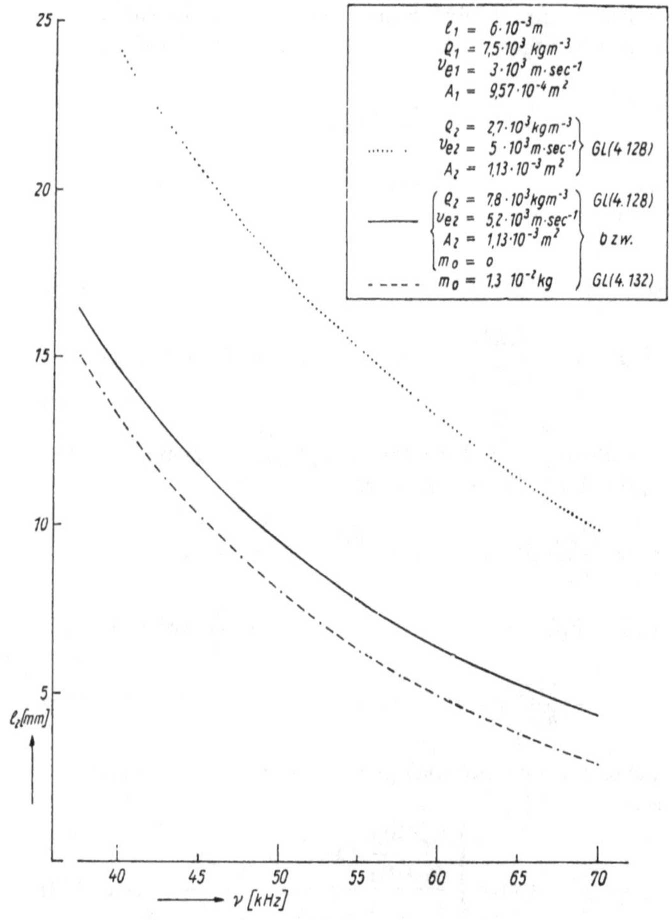

Abb. 4.18. Die Eigenfrequenzen von Schwingerketten als Funktion der Länge L_2 mit und ohne Zusatzmasse

und Stahlendmassen als Funktion der Frequenz dargestellt. Man erkennt, daß der am Endquerschnitt notwendige Schwingungsbauch mit zunehmender Frequenz eine kürzere Anschlußmasse erfordert. Ein überstehender Bolzen verlangt eine nochmalige Verringerung der Gesamtlänge bei der jeweiligen Frequenz.

5. Mechanik der Flüssigkeiten und Gase

5.1. Hydrostatik, barometrische Höhenformel

In der *Hydrostatik* wird das Kraftgleichgewicht in Flüssigkeiten und Gasen betrachtet. Sofern nicht anderes gesagt wird, bezieht sich im folgenden die Bezeichnung „*Hydro-*" sowohl auf den *flüssigen* als auch auf den *gasförmigen* Zustand.

Wegen der im Ruhezustand fehlenden Schubspannungen gilt nach Gl. (3.26)

$$\tau_{ik} = -\delta_{ik} p ,$$

und die allgemeine Gleichgewichtsbedingung (2.18) für die auftretenden Volumen- und Oberflächenkräfte reduziert sich zu

$$0 = \nabla \boldsymbol{\tau} + \boldsymbol{f} = \nabla \begin{pmatrix} -p & 0 & 0 \\ 0 & -p & 0 \\ 0 & 0 & -p \end{pmatrix} + \boldsymbol{f} \tag{5.1}$$

bzw.

$$\boldsymbol{f} = \operatorname{grad} p . \tag{5.1a}$$

Reibungsfreie und zähe Flüssigkeiten unterscheiden sich in ihrem statischen Verhalten nicht voneinander.

Definiert man durch

$$\boldsymbol{f}/\varrho = \boldsymbol{k} \tag{5.2}$$

die *Kraft pro Masseneinheit*, von der wir weiter voraussetzen wollen, daß sie gemäß

$$\boldsymbol{k} = -\operatorname{grad} U \tag{5.3}$$

durch ein Potential U gegeben ist, so folgt aus (5.1a) unmittelbar

$$\operatorname{grad} U + \frac{1}{\varrho} \operatorname{grad} p = 0 . \tag{5.4}$$

Flächen gleichen Druckes sind also *Äquipotentialflächen* und umgekehrt. Alle Erscheinungen der Hydrostatik lassen sich letztendlich mit Hilfe der Gleichung (5.4) erklären, erwähnt seien beispielsweise das Auftreten der Gezeiten oder die Wirkung einer Zentrifuge.

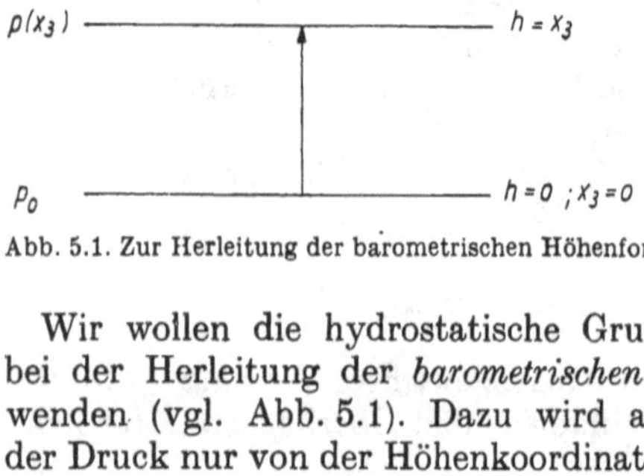

Abb. 5.1. Zur Herleitung der barometrischen Höhenformel

Wir wollen die hydrostatische Grundgleichung (5.4) bei der Herleitung der *barometrischen Höhenformel* anwenden (vgl. Abb. 5.1). Dazu wird angenommen, daß der Druck nur von der Höhenkoordinate $x_3 = h$ abhängt, d. h. $p = p(x_3)$. Mit $\boldsymbol{k} = -\boldsymbol{g}$ ($\boldsymbol{g}$: Schwerebeschleunigung) folgt mit (5.2) und (5.3)

$$\boldsymbol{g} = \operatorname{grad} U , \tag{5.5}$$

und nach (5.4) ist

$$-\varrho g = \frac{\partial p}{\partial x_3} = \frac{\mathrm{d}p}{\mathrm{d}h} . \tag{5.6}$$

Mit Hilfe des Boyle-Mariotte-Gesetzes

$$\varrho = \varrho_0 \frac{p}{p_0} \tag{5.7}$$

kann ϱ eliminiert werden

$$-\frac{p}{p_0}\varrho_0 g = \frac{\mathrm{d}p}{\mathrm{d}h}. \tag{5.8}$$

Die Trennung der Variablen und die in Abb. 5.1 skizzierten Anfangsbedingungen führen auf die bekannte barometrische Höhenformel

$$p = p_0\,\mathrm{e}^{-\frac{\varrho_0 g}{p_0}h}. \tag{5.9}$$

Weitere bekannte physikalische Erscheinungen, die auf der Grundgleichung (5.4) der Hydrostatik beruhen, sind z. B. der Auftrieb, das Schwimmen und die Zunahme des Druckes mit der Eintauchtiefe.

5.2. *Kinematik strömender Flüssigkeiten und Gase*

In diesem Abschnitt werden einige Begriffe definiert, die den Besonderheiten der Flüssigkeits- und Gasströmungen angepaßt sind. Im Gegensatz zu den Bewegungen eines elastischen Kontinuums sind hier die Verschiebungen weiträumig und nicht rückgängig zu machen.

5.2.1. *Stromlinien und Stromröhren*

Eine *Stromlinie* ist die Kurve, deren Tangente in jedem Punkt des Strömungsfeldes mit der Richtung des Geschwindigkeitsvektors übereinstimmt (vgl. Abb. 5.2).

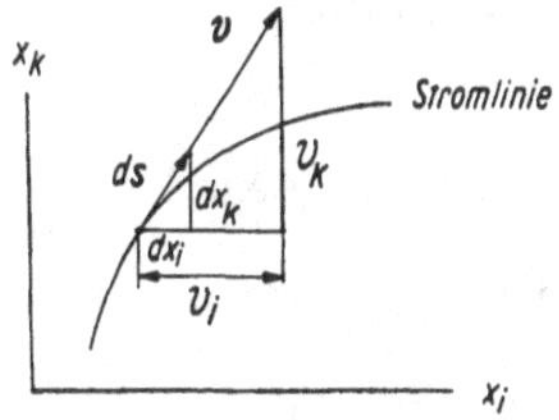

Abb. 5.2. Zur Definition der Stromlinien

Bei einer instationären Strömung kann das Stromlinienbild wegen $\frac{\partial \boldsymbol{v}}{\partial t} \neq 0$ zu jeder Zeit ein anderes Aussehen haben, weil sich Richtung und Betrag der Strömung mit der Zeit ändern können. Im Falle einer stationären Strömung $\frac{\partial \boldsymbol{v}}{\partial t} = 0$ bleiben die Stromlinien an einem bestimmten Punkt zeitlich konstant. Deshalb sind bei einer stationären Strömung und nur dort Stromlinien und Bahnlinien der Flüssigkeitsteilchen miteinander identisch.

Aus der Bedingung der Parallelität von $\boldsymbol{v}$ und ds folgt die Differentialgleichung der Stromlinie

$$\mathrm{d}x_1 : \mathrm{d}x_2 : \mathrm{d}x_3 = v_1 : v_2 : v_3 . \tag{5.10}$$

Legt man in ein Strömungsfeld eine geschlossene Raumkurve C, so stellt die Gesamtheit aller Stromlinien, die diese Kurve schneiden, ein schlauchartiges Gebilde dar (vgl. Abb. 5.3), das als *Stromröhre* bezeichnet wird. Der flüssige Inhalt einer Stromlinie heißt *Stromfaden.*

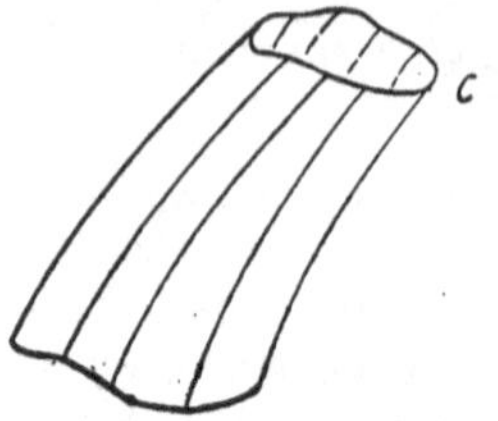

Abb. 5.3. Die Stromröhre

5.2.2. *Die Begriffe Zirkulation, Wirbellinie und Wirbelröhre*

Die Zirkulation Γ ist durch das Umlaufintegral

$$\Gamma = \oint_C \boldsymbol{v} \, \mathrm{d}\boldsymbol{s} \tag{5.11}$$

definiert (vgl. Abb. 5.4).

Nach dem Satz von STOKES kann das Umlaufintegral um die Kurve C durch ein Flächenintegral ersetzt werden,

$$\Gamma = \oint_C \boldsymbol{v}\,\mathrm{ds} = \iint_A \operatorname{rot} \boldsymbol{v}\,\mathrm{d}\boldsymbol{A}, \tag{5.12}$$

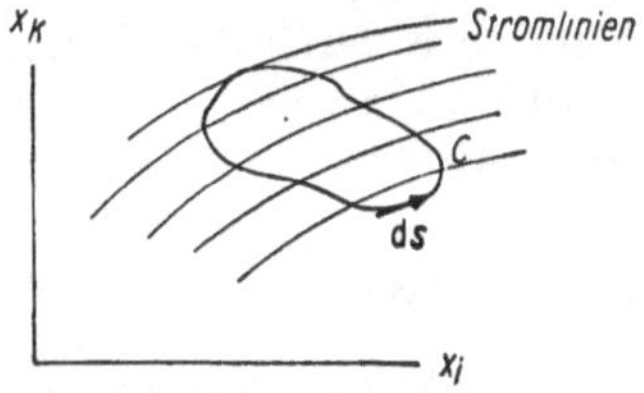

Abb. 5.4. Zur Definition der Zirkulation

wobei A eine von C umrandete Fläche bedeutet, die nicht eben, aber einfach zusammenhängend sein muß. Falls $\boldsymbol{v}$ in A überall *wirbelfrei*, d. h. rot $\boldsymbol{v} = 0$ ist, so ergibt sich sofort

$$\Gamma = 0.$$

Der Vektor

$$\frac{1}{2} \operatorname{rot} \boldsymbol{v} = \boldsymbol{w} \tag{5.13}$$

wird *Wirbelvektor* genannt und entspricht der Winkelgeschwindigkeit eines rotierenden Teilchens. Falls rot $\boldsymbol{v} = 0$ gilt, ist das Kurvenintegral

$$\int_A^B \boldsymbol{v}\,\mathrm{ds}$$

bekanntlich unabhängig vom Weg, und der Integrand kann durch ein vollständiges Differential dargestellt werden:

$$\int_A^B \boldsymbol{v}\,\mathrm{ds} = \int_A^B \mathrm{d}\Phi = \Phi_B - \Phi_A. \tag{5.14}$$

Fallen A und B zusammen, wird folgerichtig $\Gamma = 0$.

Unter diesen Umständen kann das Geschwindigkeitsfeld aus einem Potential Φ abgeleitet werden:

$$\boldsymbol{v} = \operatorname{grad} \Phi . \tag{5.15}$$

Näheres darüber ist im Abschnitt 5.3.4. ausgeführt.

Bei einer wirbelbehafteten Strömung definiert man eine *Wirbellinie* analog zur Stromlinie durch die Kurve, deren Linienelemente $\mathrm{d}\boldsymbol{s}$ parallel zu $\boldsymbol{w}$ sind. Es gilt entsprechend die Differentialgleichung der Wirbellinie

$$w_1 : w_2 : w_3 = \mathrm{d}x_1 : \mathrm{d}x_2 : \mathrm{d}x_3 , \tag{5.16}$$

und ebenso nennt man eine schlauchartige Fläche, die von der Menge aller Wirbellinien gebildet wird, welche eine gegebene Raumkurve C schneiden, eine *Wirbelröhre*. Der flüssige Inhalt der Wirbelröhre heißt *Wirbelfaden*.

5.2.3. *Die Beschleunigung in strömenden Medien*

Die *Strömungsgeschwindigkeit* ist die zeitliche Änderung des Verschiebungsvektors. Mit $\boldsymbol{v} = \boldsymbol{v}(x_1, x_2, x_3, t)$ ergibt sich dann für die Beschleunigung

$$\boldsymbol{b} = \frac{\mathrm{d}\boldsymbol{v}}{\mathrm{d}t} = \frac{\partial \boldsymbol{v}}{\partial t} + \frac{\partial \boldsymbol{v}}{\partial x_1} \frac{\mathrm{d}x_1}{\mathrm{d}t} + \frac{\partial \boldsymbol{v}}{\partial x_2} \cdot \frac{\mathrm{d}x_2}{\mathrm{d}t} + \frac{\partial \boldsymbol{v}}{\partial x_3} \frac{\mathrm{d}x_3}{\mathrm{d}t} , \tag{5.17}$$

und wegen $v_i = \dfrac{\mathrm{d}x_i}{\mathrm{d}t}$ läßt sich dafür schreiben

$$\boldsymbol{b} = \frac{\mathrm{d}\boldsymbol{v}}{\mathrm{d}t} = \frac{\partial \boldsymbol{v}}{\partial t} + (\boldsymbol{v}\nabla)\, \boldsymbol{v} . \tag{5.18}$$

Die Größe $\boldsymbol{b} = \dfrac{\mathrm{d}\boldsymbol{v}}{\mathrm{d}t}$ wird *totale* oder *substantielle Beschleunigung* genannt, die sich nach (5.18) aus der *lokalen*

Beschleunigung $\frac{\partial \boldsymbol{v}}{\partial t}$ und der *konvektiven* Beschleunigung $(\boldsymbol{v}\nabla)\,\boldsymbol{v}$ zusammensetzt.

Im Falle einer stationären Strömung entfällt die Geschwindigkeitsänderung an einem festgehaltenen Ort, d. h. $\frac{\partial \boldsymbol{v}}{\partial t} = 0$. Die konvektive Beschleunigung kommt dadurch zustande, daß ein Flüssigkeitsteilchen bei seiner Wanderung im Strömungsfeld an verschiedene Orte gelangt, an denen unterschiedliche Strömungsgeschwindigkeiten herrschen. In einer stationären Strömung können die konvektiven Beschleunigungen beträchtliche Werte erreichen, wie das folgende Anwendungsbeispiel zeigt.

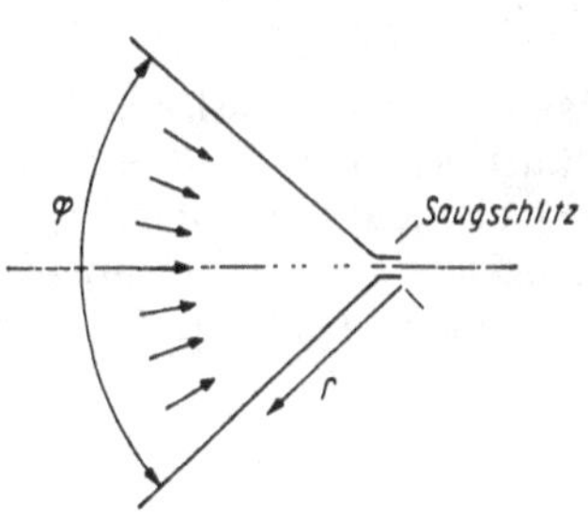

Abb. 5.5. Strömung in einem konvergenten Kanal

Ein konvergenter Kanal werde durch zwei ebene Wände mit einem Öffnungswinkel von $\varphi = 60°$ gebildet (vgl. Abb. 5.5). In der Spitze dieses Kanals befinde sich ein Absaugschlitz, durch den auf einer Länge von $l = 1$ m eine konstante Menge $Q = 0{,}02\ \mathrm{m^3/s}$ abgesaugt wird. Die Strömungsgeschwindigkeit v_r sei in der Umfangsrichtung konstant. Aus Gründen der Kontinuität ist

$$Q = -lr\bar{\varphi}v_r \quad \text{bzw.} \quad v_r = -\frac{Q}{lr\bar{\varphi}}. \qquad (5.19)$$

Die Beschleunigung besteht dann nur aus dem konvektiven Anteil von (5.18)

$$|b| = \left| v_r \frac{\mathrm{d}v_r}{\mathrm{d}r} \right|, \tag{5.20}$$

woraus mit (5.19) an der Stelle $r = 0{,}02$

$$|b| = \left| \frac{Q^2}{L^2 \bar{\varphi}^2 r^3} \right| = 47{,}75 \text{ m} \cdot \text{s}^{-2} \tag{5.21}$$

folgt.

Man sieht, daß die konvektiven Beschleunigungen bedeutend größere Werte als die Erdbeschleunigung annehmen können.

5.2.4. *Die Kontinuitätsgleichung*

Der Erhaltungssatz der Masse soll nun mathematisch formuliert werden. Dieses führt auf die *Kontinuitätsgleichung*. Zur ihrer Herleitung betrachten wir das Volumen V eines Kontrollraumes, das in der Strömung unverändert bleibt (Abb. 5.6). In diesem Volumen ist die Masse

$$\iiint\limits_V \varrho \, \mathrm{d}V$$

enthalten. Die Massenzunahme pro Zeiteinheit ist andererseits

$$\iiint\limits_V \frac{\partial \varrho}{\partial t} \, \mathrm{d}V .$$

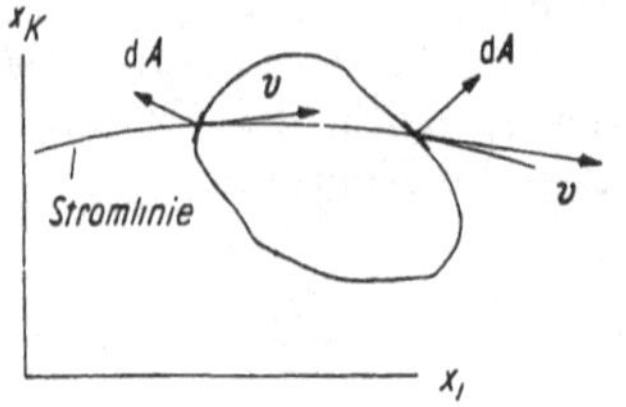

Abb. 5.6. Zur Herleitung der Kontinuitätsgleichung

Durch die Oberfläche des Kontrollraumes fließt die Flüssigkeitsmenge

$$\iint_A \varrho \boldsymbol{v} \, \mathrm{d}\boldsymbol{A} \quad \text{pro Zeiteinheit.}$$

Dabei werden die vektoriellen Flächenelemente $\mathrm{d}\boldsymbol{A}$ positiv gerechnet, wenn sie nach außen weisen. Der letztgenannte Ausdruck stellt den Überschuß der aus dem Kontrollraum strömenden Flüssigkeit dar. Dieser Überschuß erfordert aber eine Dichteänderung im Innern des Volumens V.

Wegen des Erhaltungssatzes gilt also

$$\iiint_V \frac{\partial \varrho}{\partial t} \, \mathrm{d}V + \iint_A \varrho \boldsymbol{v} \, \mathrm{d}\boldsymbol{A} = 0. \tag{5.22}$$

Nach dem Integralsatz von GAUSS können wir schreiben

$$\iint_A \varrho \boldsymbol{v} \, \mathrm{d}\boldsymbol{A} = \iiint_V \operatorname{div} (\varrho \boldsymbol{v}) \, \mathrm{d}V, \tag{5.23}$$

d. h.

$$\iiint_V \left[\frac{\partial \varrho}{\partial t} + \operatorname{div} (\varrho \boldsymbol{v}) \right] \mathrm{d}V = 0. \tag{5.24}$$

Diese Beziehung muß nun für jedes Volumenelement erfüllt sein, das keine Quellen enthält. Der sich damit ergebende Zusammenhang

$$\frac{\partial \varrho}{\partial t} + \operatorname{div} (\varrho \boldsymbol{v}) = 0 \tag{5.25}$$

ist die Kontinuitätsgleichung der Hydrodynamik.

Bei einer stationären Strömung vereinfacht sich (5.25) zu

$$\operatorname{div} (\varrho \boldsymbol{v}) = 0 \tag{5.26}$$

und im *inkompressiblen* Fall, d. h. $\varrho = \text{const}$, wird

$$\operatorname{div} \boldsymbol{v} = 0 . \tag{5.27}$$

Für eine Stromröhre folgt aus deren Definition sowie aus (5.22) bei stationären Bedingungen

$$\varrho v A = \text{const} . \tag{5.28}$$

5.3. Reibungsfreie Strömungen

Wenn man sich mit Hydromechanik in der Absicht beschäftigt, den Ablauf einer Flüssigkeitsbewegung zu beschreiben, so kommen dafür zwei methodische Wege in Betracht. Die *substantielle Methode*, die auf LAGRANGE zurückgeht, verfolgt das Ziel, die Geschwindigkeiten und die Lage jedes einzelnen Flüssigkeitsteilchens zu jedem Zeitpunkt zu erfassen, also das „Schicksal" jedes Teilchens zu registrieren. Diese Methode wird wenig praktiziert, weil sie selten zum Erfolg führt, da ein Flüssigkeitsteilchen in der Regel nur schwer zu verfolgen ist. Die weitaus gebräuchlichere Methode ist die *lokale Betrachtungsweise* nach EULER. Hiernach wird versucht, das Geschwindigkeitsfeld $\boldsymbol{v}(\boldsymbol{r}, t)$ zu ermitteln, ohne danach zu fragen, welches Teilchen sich gerade zur Zeit t am Ort $\boldsymbol{r}$ befindet.

5.3.1. Die Eulerschen Bewegungsgleichungen

Die allgemeinen Bewegungsgleichungen einer reibungsfreien Flüssigkeit ergeben sich aus der NEWTONschen Grundgleichung der Dynamik:

$$\text{Masse} \times \text{Beschleunigung} = \sum \text{aller Kräfte.}$$

Die Summe aller Kräfte pro Volumeneinheit hatten wir bereits in Gl. (2.18) formuliert, so daß die Grundgleichung der Dynamik folgende Gestalt annimmt:

$$\varrho \frac{\mathrm{d}\boldsymbol{v}}{\mathrm{d}t} = \underline{\nabla}\boldsymbol{\tau} + \boldsymbol{f}. \tag{5.29}$$

Die Reibung soll hier voraussetzungsgemäß verschwinden, d. h.

$$\eta = 0.$$

Wenn die Volumenkraft $\boldsymbol{f}$ ein Potential U besitzt, das entsprechend (5.2) und (5.3) definiert ist, so folgen mit (5.18) die *Eulerschen Bewegungsgleichungen*

$$\frac{\mathrm{d}v_i}{\mathrm{d}t} = \frac{\partial v_i}{\partial t} + (\boldsymbol{v}\nabla)\, v_i = -\frac{1}{\varrho}\frac{\partial p}{\partial x_i} - \frac{\partial U}{\partial x_i}, \quad i = 1, 2, 3 \tag{5.30}$$

oder in Vektorform

$$\frac{\mathrm{d}\boldsymbol{v}}{\mathrm{d}t} = \frac{\partial \boldsymbol{v}}{\partial t} + (\boldsymbol{v}\nabla)\, \boldsymbol{v} = -\frac{1}{\varrho}\operatorname{grad} p - \operatorname{grad} U. \tag{5.30a}$$

Diese Gleichungen bilden mit der Kontinuitätsgleichung ein System von vier Gleichungen für die Variablen v_1, v_2, v_3 und p, sofern man sich auf *ideale Flüssigkeiten* mit $\varrho = \text{const}$ beschränkt.

Wenn wesentliche Dichteänderungen auftreten, kommen fünftens die variable Dichte ϱ und eine Zustandsgleichung $\varrho = \varrho(p)$ hinzu.

Die Randbedingungen für dieses System von Differentialgleichungen 1. Ordnung in $\boldsymbol{v}$ sind physikalisch evident: An der *Kontur* eines umströmten Körpers verschwindet die Normalkomponente des Geschwindigkeitsvektors, d. h.

$$v_n = 0 \quad \text{bzw.} \quad v_t = |\boldsymbol{v}|. \tag{5.31}$$

Die Stromlinien verlaufen also entlang der Kontur eines umströmten Körpers, weil durch dessen Wand keine Flüssigkeit hinzutreten oder abgeführt werden kann.

Wird die Strömung durch eine freie Oberfläche begrenzt, so liegt auf dieser die Randbedingung konstanten Druckes vor, etwa bei Strömungen in offenen Gerinnen usw. Die praktische Behandlung von Strömungsaufgaben durch direkte Anwendung der EULERschen Gleichungen erweist sich indessen wegen der nichtlinearen konvektiven Terme $(\boldsymbol{v}\nabla)\, v_i$ als äußerst schwierig. Eine Integration gelingt nur unter einschränkenden Voraussetzungen.

5.3.2. *Die Bernoullische Gleichung*

Wir formen zunächst die EULERsche Gleichung (5.30a) mit Hilfe der Beziehung (BUDO 1978)

$$(\boldsymbol{v}\nabla)\,\boldsymbol{v} = \operatorname{grad}\frac{\boldsymbol{v}^2}{2} - [\boldsymbol{v}\operatorname{rot}\boldsymbol{v}] \qquad [5.32]$$

um:

$$\frac{\partial \boldsymbol{v}}{\partial t} + \operatorname{grad}\left(\frac{\boldsymbol{v}^2}{2} + U\right) + \frac{1}{\varrho}\operatorname{grad} p = [\boldsymbol{v}\operatorname{rot}\boldsymbol{v}]. \qquad (5.33)$$

Bei wirbelfreier Strömung gilt wegen $\operatorname{rot}\boldsymbol{v} = 0$ und $\boldsymbol{v} = \operatorname{grad}\Phi$

$$\operatorname{grad}\left(\frac{\partial\Phi}{\partial t} + \frac{v^2}{2} + U\right) + \frac{1}{\varrho}\operatorname{grad} p = 0. \qquad (5.34)$$

Die Integration der umgeformten EULERschen Bewegungsgleichung führt auf

$$\frac{\partial\Phi}{\partial t} + \frac{v^2}{2} + U + \int\frac{\mathrm{d}p}{\varrho} = C(t). \qquad (5.35)$$

Im Falle einer stationären Strömung sind $\frac{\partial\boldsymbol{v}}{\partial t} = 0$ und $\frac{\partial\Phi}{\partial t} = 0$. Damit entfällt auch die Zeitabhängigkeit der Integrationskonstanten, d. h.

$$\frac{v^2}{2} + U + \int\frac{\mathrm{d}p}{\varrho} = C. \qquad (5.36)$$

Bei einer inkompressiblen Strömung kann ϱ als Konstante vor das Integralzeichen gezogen werden und es bleibt

$$\frac{v^2}{2} + U + \frac{p}{\varrho} = C. \tag{5.37}$$

Wenn U das Schwerepotential

$$U = g \cdot h \tag{5.38}$$

darstellt, folgt schließlich

$$\frac{\varrho}{2} v^2 + \varrho g h + p = \text{const.} \tag{5.39}$$

Die Beziehungen (5.37) und (5.39) werden als BERNOULLIsche *Gleichungen* bezeichnet.

Im Falle einer stationären, inkompressiblen und wirbelbehafteten Strömung mit $\operatorname{rot} \boldsymbol{v} \neq 0$ gelingt die Integration ebenfalls, wenn diese längs einer Stromlinie erfolgt:

$$\int \operatorname{grad}\left(\frac{v^2}{2} + U\right) \mathrm{d}\mathbf{s} + \int \frac{1}{\varrho} \operatorname{grad} p \, \mathrm{d}\mathbf{s} = \int [\boldsymbol{v} \operatorname{rot} \boldsymbol{v}] \, \mathrm{d}\mathbf{s}. \tag{5.40}$$

Wegen der vorausgesetzten Parallelität von $\boldsymbol{v}$ und $\mathrm{d}\mathbf{s}$ verschwindet die rechte Seite von (5.40), denn es ist

$$[\boldsymbol{v} \operatorname{rot} \boldsymbol{v}] \, \mathrm{d}\mathbf{s} = [\mathrm{d}\mathbf{s} \, \boldsymbol{v}] \operatorname{rot} \boldsymbol{v} = 0.$$

Es kommt also formal eine Gleichung analog zu (5.37) zustande:

$$\frac{v^2}{2} + U + \frac{p}{\varrho} = C^*. \tag{5.41}$$

Der wesentliche Unterschied gegenüber (5.37) besteht jedoch darin, daß die Konstante C dieser Gleichung für das gesamte Strömungsgebiet gilt, während C^* in (5.41) nur längs einer Stromlinie den gleichen Wert hat.

Die BERNOULLIsche Gleichung (5.39) ist als *Energieerhaltungssatz* zu verstehen. Für eine reibungsfreie Flüssigkeitsströmung in einem konservativen Kraftfeld ist die Summe aus kinetischer, potentieller und Druckenergie pro Volumeneinheit konstant.

In den folgenden drei Beispielen soll die Bedeutung der BERNOULLIschen Gleichung als Grundlage für recht verschiedenartige Anwendungsgebiete demonstriert werden.

a) *Messung der Durchflußmenge in Rohrleitungen*

Die Durchflußmenge in Rohrleitungen kann mit Hilfe einer VENTURI-*Düse* bestimmt werden. Diese besteht aus einem Ansatzstück mit dem Rohrleitungsquerschnitt A_a, das sich auf den Querschnitt A_b verringert und danach allmählich wieder auf A_a erweitert (Abb. 5.7). Die mittleren Geschwindigkeiten in den genannten Querschnitten sind v_a und v_b. Das ganze Rohrstück ist dann als eine einzige Stromröhre aufzufassen.

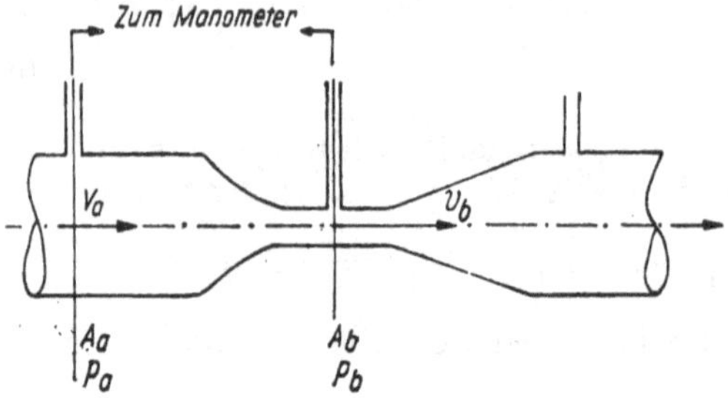

Abb. 5.7. Das VENTURI-Rohr

Die Flächen A_a und A_b sind bekannt, ebenfalls die Dichte $\varrho = \text{const}$, sowie die manometrisch ermittelten Drücke p_a und p_b. Zu berechnen sind v_a und v_b. Dafür stehen die beiden Gleichungen (5.28) und (5.39) zur Verfügung. Bei nicht vorhandenem oder vernachlässigbarem Höhenunterschied gilt

$$p_a + \frac{\varrho}{2} v_a^2 = p_b + \frac{\varrho}{2} v_b^2 \tag{5.42}$$

und

$$v_a A_a = v_b A_b . \tag{5.43}$$

Daraus ergibt sich die Durchflußmenge

$$\varrho A_a v_a = \sqrt{\frac{2\varrho(p_a - p_b)}{\frac{1}{A_b^2} - \frac{1}{A_a^2}}} . \tag{5.44}$$

Nach dem gleichen Prinzip werden auch die Ausströmungsgeschwindigkeiten in *Strömungskanälen* für Versuchszwecke bestimmt. Die Meßstrecke befindet sich dann im Bereich des Querschnittes A_b und für die Testgeschwindigkeit folgt mit (5.43)

$$v_b = \sqrt{\frac{2(p_a - p_b)}{\varrho\left[1 - \left(\frac{A_b}{A_a}\right)^2\right]}} . \tag{5.45}$$

Für die größte Geschwindigkeit v_b stellt sich wegen (5.42) im Querschnitt A_b der geringste Druck ein, dessen Sogwirkung für automatische Steuerungen u. ä. technisch genutzt werden kann, z. B. für die automatische Gaszu- und -abschaltung in einem Durchlauferhitzer.

Es sei schließlich noch darauf hingewiesen, daß die Formeln (5.44) und (5.45) trotz der Nichtbeachtung der Reibung ausgezeichnet mit der Praxis übereinstimmen, weil der Reibungseinfluß im konvergenten Teil des VENTURI-Rohres gering ist (ALBRING 1970, KAUFMANN 1958). Im divergenten Fall ist das jedoch nicht der Fall.

b) *Kavitation*

Wenn eine Flüssigkeitsströmung auf gleichbleibendem Potentialniveau ($h = \text{const}$) erfolgt, so nimmt nach der BERNOULLIschen Gleichung (5.39) mit steigender Geschwindigkeit der Druck ab und umgekehrt. In der Praxis kann man die Druckabnahme gemäß Gl. (5.39) jedoch nur bis zum Dampfdruck der Flüssigkeit treiben, da dann die Flüssigkeit zu sieden beginnt. Diese Erscheinung wird *Kavitation* genannt. Abb. 5.8 zeigt eine fotografische Aufnahme der Kavitation an einem von rechts angeströmten Keilprofil (Heinrich, 1967).

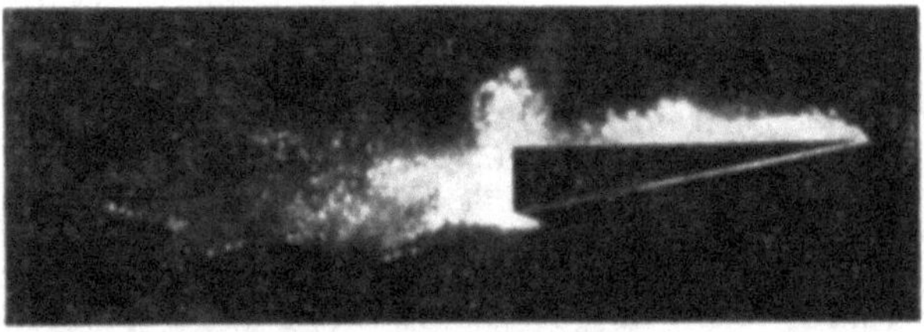

Abb. 5.8. Kavitation an einem angeströmten Keil

Kavitationsströmungen treten bei Schnellbooten, Schiffspropellern, Wasserturbinen u. dgl. auf und führen hier zu zahlreichen technischen Problemstellungen. Wir wollen uns hier mit der oben gegebenen Erklärung dieser Erscheinung begnügen. Der näher daran interessierte Leser sei auf die Spezialliteratur (Gilbarg 1960, Dörp 1971) verwiesen.

c) *Messung von Druck und Geschwindigkeit in einer Strömung*

An einem in eine Strömung gebrachten Körper erfolgt, eine Aufteilung der strömenden Flüssigkeit (vgl. Abb. 5.9). An der Frontseite des Hindernisses bildet sich dabei ein Staugebiet, in dem die Geschwindigkeiten klein gegenüber der Anströmgeschwindigkeit sind.

Es gibt nun einen ausgezeichneten Punkt S an der Frontseite des Körpers, den *Staupunkt*, an dem es zu einer Stromlinienverzweigung kommt. Das ist kein Widerspruch zur Definitionsgleichung (5.10) der Stromlinien, denn im Staupunkt ist $\boldsymbol{v} = 0$. Wir wenden jetzt die BERNOULLIsche Gleichung (5.39) auf die Stromlinie an, die auf den Staupunkt führt. Der Verlauf der Stromlinie sei horizontal, d. h. der Einfluß der Schwere wird nicht berücksichtigt, so daß

$$p_\infty + \frac{\varrho}{2} v_\infty{}^2 = p + \frac{\varrho}{2} v^2 = p_0 = p_g \qquad (5.46)$$

gilt.

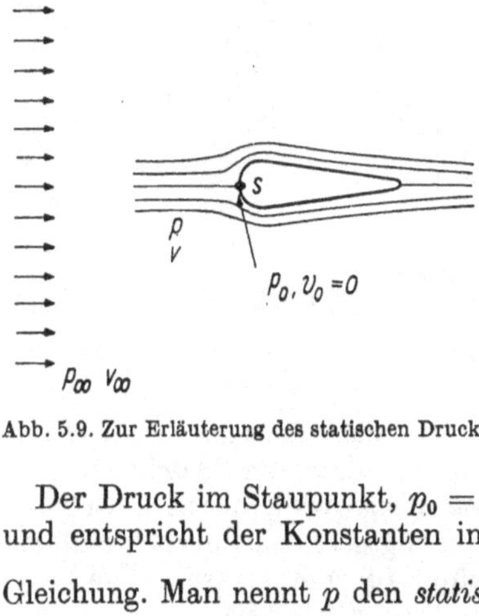

Abb. 5.9. Zur Erläuterung des statischen Druckes und des Gesamtdruckes

Der Druck im Staupunkt, $p_0 = p_g$, heißt *Gesamtdruck* und entspricht der Konstanten in der BERNOULLIschen Gleichung. Man nennt p den *statischen Druck* und $\frac{\varrho}{2} v^2 = q = p_g - p$ den *Staudruck* oder den *dynamischen Druck*.

Der Gesamtdruck kann mit einem PITOT-Rohr gemessen werden. Das ist ein rechtwinklig gebogenes Rohr, das so in die Strömung gehalten wird, daß der eine Schenkel parallel und der andere senkrecht zur Strömungsrichtung liegt (Abb. 5.10a).

Am offenen in der Strömung liegenden Schenkel staut sich die Flüssigkeit, und der dort herrschende Gesamtdruck kann an einem Manometer abgelesen werden. Der statische Druck wird mit einem sog. *Hakenrohr* gemessen, das vorn geschlossen ist und seitliche Öffnungen besitzt (Abb. 5.10b). Dort herrscht nur der statische Druck der ungestörten Strömung, wenn die Löcher gratfrei sind und nicht zu dicht hinter der Vordernase liegen (Näheres vgl. PRANDTL, 1960).

Die Vereinigung von PITOT- und Hakenrohr wird nach dessen Erfinder PRANDTL*sches Staurohr* genannt (Abb. 5.10c).

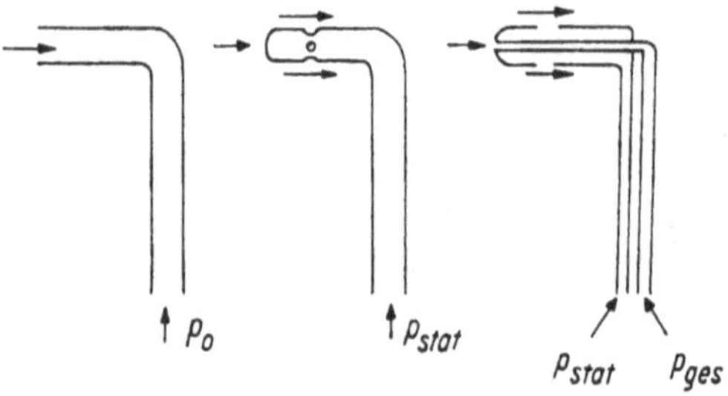

Abb. 5.10. Strömungsmeßsonden

Die Druckdifferenz in den konzentrischen Rohrstücken ist dabei dem Quadrat der Geschwindigkeit proportional. Auf diese Weise wird in vielen Gebieten der Technik die Strömungsgeschwindigkeit gemessen, so z. B. in der Flugtechnik (über Korrekturen bei hohen Geschwindigkeiten vgl. Abschn. 5.3.3.2.).

5.3.3. *Einige Bemerkungen über kompressible Strömungen*

Gasströmungen, deren Geschwindigkeiten weit unterhalb der hier mit c bezeichneten Schallgeschwindigkeit liegen, verhalten sich praktisch *inkompressibel*, d. h.

$$\text{für} \quad v \ll c \quad \text{gilt} \quad \varrho = \text{const}$$

Der physikalischen Begründung dieser Aussage sowie einigen praktischen Konsequenzen daraus sind die Aussagen dieses Abschnittes gewidmet.

5.3.3.1. *Die Laplacesche Formel für die Schallgeschwindigkeit*

Wir geben hier eine anschauliche Herleitung der bekannten *Laplace-Formel*, die von L. PRANDTL stammt (PRANDTL 1960). Dazu betrachten wir ein gerades, mit Gas gefülltes Rohr (s. Abb. 5.11), in dem durch die ruckartige Bewegung eines Stempels ein Druckstoß erzeugt wird. Die Gasteilchen strömen dann mit der Geschwindigkeit v von links nach rechts und bewirken eine Druckwelle in derselben Richtung. Sofern die dadurch verursachte Druckerhöhung klein gegenüber dem ursprünglichen Druck p_0 ist, pflanzt sich die Druckwelle mit der Schallgeschwindigkeit c fort.

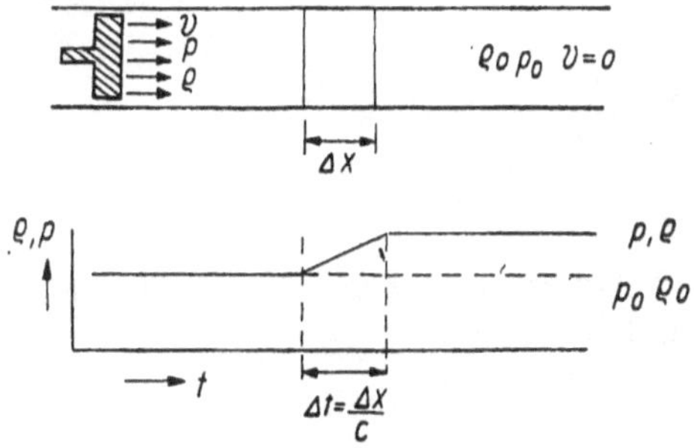

Abb. 5.11. Zur Herleitung der LAPLACEschen Formel

Die Erhöhung der Dichte und des Druckes vollzieht sich in einem Übergangsbereich von der Breite Δx. Auf das Volumenelement $\Delta x A$ wenden wir die Kontinuitätsbedingung und die NEWTONsche Grundgleichung der Dynamik an.

Die von links einströmende Masse entspricht der Massenzunahme im Übergangsbereich

$$\varrho v A = \Delta\varrho A \frac{\Delta x}{\Delta t}, \tag{5.47}$$

während das Produkt aus mittlerer Masse und mittlerer Beschleunigung die Resultierende der Druckkräfte darstellt:

$$\varrho_m A \Delta x \frac{v}{\Delta t} = \Delta p A\,. \tag{5.48}$$

Da die Dichteerhöhungen klein sein sollen, können wir näherungsweise setzen

$$\varrho_m \approx \varrho\,. \tag{5.49}$$

Die Vereinigung der Gleichungen (5.47) bis (5.49) führt wegen

$$c = \frac{\Delta x}{\Delta t} \tag{5.50}$$

auf

$$c^2 \approx \frac{\Delta p}{\Delta\varrho}. \tag{5.51}$$

Je kleiner Δp und $\Delta\varrho$ sind, desto besser gelten die obigen Voraussetzungen, d. h.

$$c^2 = \lim_{\Delta\varrho \to 0} \frac{\Delta p}{\Delta\varrho} = \frac{\mathrm{d}p}{\mathrm{d}\varrho}. \tag{5.52}$$

Das ist die bekannte Formel von LAPLACE für die *Schallgeschwindigkeit* in einer *Gasströmung*.

Die Schallvorgänge laufen nun so schnell ab, daß in der Regel kein Wärmeaustausch mit der Umgebung stattfindet. In diesem Fall gilt das *adiabatische Kompressionsgesetz* (vgl. z. B. LEUSCHNER, 1979) für ideale

Gase

$$\frac{p}{\varrho^\varkappa} = \text{const.} \tag{5.53}$$

Der *Adiabatenexponent* $\varkappa$ ist das Verhältnis der spezifischen Wärmen bei konstantem Druck c_p und konstantem Volumen c_v

$$\varkappa = \frac{c_p}{c_v}. \tag{5.54}$$

Mit (5.52) und (5.53) ergibt sich dann

$$c = \sqrt{\varkappa \frac{p}{\varrho}}. \tag{5.55}$$

5.3.3.2. Die Bernoullische Gleichung bei kompressiblen Strömungen

Der Abb. 5.9 entsprechend wollen wir nun die Gleichung (5.36) unter der Annahme $\varrho \neq \text{const}$ und $U = 0$ für die Zustände $(p_\infty, v_\infty, \varrho_\infty)$ und (p, v, ϱ) auswerten, d. h.

$$\frac{v^2}{2} - \frac{v_\infty^2}{2} + \int\limits_{p_\infty}^{p} \frac{\mathrm{d}p}{\varrho} = 0. \tag{5.56}$$

Mit dem adiabatischen Kompressionsgesetz (5.53) folgt daraus

$$\frac{v^2}{2} - \frac{v_\infty^2}{2} + \frac{p_\infty}{\varrho_\infty} \frac{\varkappa}{\varkappa - 1} \left[\left(\frac{p}{p_\infty}\right)^{\frac{\varkappa-1}{\varkappa}} - 1\right] \tag{5.57}$$

und weiter

$$\frac{v^2}{2} + \frac{\varkappa}{\varkappa - 1} \frac{p}{\varrho} = \frac{v_\infty^2}{2} + \frac{\varkappa}{\varkappa - 1} \frac{p_\infty}{\varrho_\infty}. \tag{5.58}$$

Führt man die Schallgeschwindigkeit nach (5.55) ein, so ist

$$\frac{v^2}{2} + \frac{c^2}{\varkappa - 1} = \frac{v_\infty{}^2}{2} + \frac{c_\infty{}^2}{\varkappa - 1}. \qquad (5.59)$$

Die Gleichungen (5.57) bis (5.59) werden *Bernoullische Gleichungen für kompressible Strömungen* genannt; sie spielen in der Gasdynamik eine große Rolle (OSWATISCH, 1952).

Wir wollen nun einige Anwendungsbeispiele diskutieren, in denen einige Unterschiede zwischen kompressiblen und inkompressiblen Strömungen deutlich hervortreten.

a) Die Korrektur der Geschwindigkeitsmessung mit dem Prandtl-Rohr bei schnellen Gasströmungen

Analog dem inkompressiblen Fall (vgl. (5.46)) werde nun die Formel (5.57) auf eine Stromlinie angewendet, die zum Staupunkt führt. Dort gelten die indexfreien Größen p, ϱ sowie $v = 0$, also

$$-\frac{v_\infty{}^2}{2} + \frac{p_\infty}{\varrho_\infty}\,\frac{\varkappa}{\varkappa - 1}\left[\left(\frac{p}{p_\infty}\right)^{\frac{\varkappa-1}{\varkappa}} - 1\right] = 0 \qquad (5.60)$$

oder

$$\frac{p}{p_\infty} = \left[1 + \frac{\varrho_\infty}{2}\,v_\infty{}^2 \cdot \frac{1}{p_\infty}\left(\frac{\varkappa - 1}{\varkappa}\right)\right]^{\frac{\varkappa}{\varkappa-1}}. \qquad (5.61)$$

Der vorstehende Ausdruck wird in eine Reihe entwickelt und diese nach dem dritten Glied abgebrochen. Dann folgt

$$\frac{p}{p_\infty} \approx 1 + \frac{\varrho_\infty v_\infty{}^2}{2 p_\infty}\left[1 + \frac{v_\infty{}^2}{4}\,\frac{\varrho_\infty}{\varkappa p_\infty}\right]. \qquad (5.62)$$

Das Verhältnis zwischen Strömungsgeschwindigkeit und Schallgeschwindigkeit nennt man die *Machsche Zahl*

$$M_a = \frac{v}{c}, \qquad (5.63)$$

und wir erhalten bei Beachtung von (5.55)

$$p - p_\infty = \frac{\varrho}{2} v_\infty^2 \left[1 + \frac{1}{4} M_{a\infty}^2\right]. \tag{5.64}$$

Diese Ergebnisse sind nur korrekt, wenn die Binomialreihe, durch welche Gl. (5.61) ersetzt wurde, konvergent ist. Das ist der Fall für

$$\frac{\varrho_\infty v_\infty (\varkappa - 1)}{2 p_\infty \varkappa} = \frac{M_{a\infty}^2}{2} (\varkappa - 1) < 1 . \tag{5.65}$$

Wenn man Gl. (5.64) mit dem entsprechenden Resultat (5.46) inkompressibler Strömungen vergleicht, so kann man feststellen: Auch in kompressiblen Strömungen mit mäßigen *Mach-Zahlen* (Ungleichung (5.65)) kann die Strömungsgeschwindigkeit mit Hilfe eines *Prandtl-Rohres* bestimmt werden. Die gemessene Druckdifferenz muß nur mit dem Korrekturfaktor

$$\lambda = \frac{1}{1 + \frac{1}{4} M_{a\infty}^2} \tag{5.66}$$

multipliziert werden. Wegen der abgebrochenen Reihe (5.62) ist das eine Näherung, die jedoch bis zu $M_{a\infty} \leqq 0{,}95$ mit einem Fehler $\leqq 1\%$ zutreffend ist (Schlichting und Truckenbrodt 1962). Mit Gl. (5.64) ist auch leicht einzusehen, daß Gasströmungen mit geringen Geschwindigkeiten, d. h. $v \ll c$ bzw. $M_{a\infty} \ll 1$, den Gesetzen der inkompressiblen Strömungen folgen.

b) *Die Temperaturerhöhung im Staupunkt*

Die adiabatische Kompression geht mit einer *Temperaturerhöhung* einher (vgl. Weizel 1963):

$$\left(\frac{p}{p_\infty}\right)^{\frac{\varkappa-1}{\varkappa}} = \frac{\vartheta}{\vartheta_\infty}. \tag{5.67}$$

Danach folgt aus (5.60) bei Beachtung von (5.55) und (5.63) eine Temperaturerhöhung $\Delta\vartheta$ im Staupunkt:

$$\Delta\vartheta = \vartheta - \vartheta_\infty = \frac{1}{2} M_{a\infty}^2 (\varkappa - 1)\, \vartheta_\infty . \qquad (5.68)$$

Es sei an dieser Stelle vermerkt, daß auch die übrigen Teile eines umströmten Körpers eine Aufheizung infolge der Reibung erfahren. Die dadurch bedingte Erwärmung liegt in der gleichen Größenordnung wie die nach (5.68) durch adiabatische Kompression im Staupunkt hervorgerufene (vgl. SCHLICHTING 1965). Für Luft mit $\vartheta_\infty = 273\,\mathrm{K}$, $\varkappa = 1{,}4$ und $M_{a\infty} = 2$ haben wir z. B. eine Aufheizung um $\Delta\vartheta = 218{,}4\,\mathrm{K}$.

Durch diese Vorgänge kommen beträchtliche Temperaturerhöhungen zustande, die in der Flug- und Raketentechnik bei hohen Geschwindigkeiten zu besonderen Belastungen der dort eingesetzten Werkstoffe führen.

5.3.4. *Potentialströmungen*

5.3.4.1. *Die Laplacesche Differentialgleichung*

Potentialströmungen sind durch die Wirbelfreiheit gekennzeichnet, d. h.

$$\operatorname{rot} \boldsymbol{v} = 0 .$$

Wie bereits im Abschnitt 5.2.2. erwähnt wurde, läßt sich dann gemäß

$$\boldsymbol{v} = \operatorname{grad} \Phi$$

die Geschwindigkeit $\boldsymbol{v}$ aus einem *Strömungspotential* Φ herleiten (vgl. (5.15)). Wir betrachten inkompressible Strömungen mit der Kontinuitätsgleichung (5.27)

$$\operatorname{div} \boldsymbol{v} = 0 .$$

Setzt man (5.15) in (5.27) ein, so folgt daraus die *Laplacesche Differentialgleichung*

$$\operatorname{div} \operatorname{grad} \Phi = \Delta\Phi = \frac{\partial^2\Phi}{\partial x_1{}^2} + \frac{\partial^2\Phi}{\partial x_2{}^2} + \frac{\partial^2\Phi}{\partial x_3{}^2} = 0 . \quad (5.69)$$

Diese Gleichung besitzt in vielen Gebieten der Physik eine fundamentale Bedeutung, beispielsweise in der Elektrotechnik oder in der Himmelsmechanik. Im Gegensatz zu den EULERschen Bewegungsgleichungen (5.30) ist die LAPLACEsche Differentialgleichung von zweiter Ordnung und linear.

Die Randbedingungen müssen also durch Vorgabe von zwei Bestimmungsstücken formuliert werden. Häufig sind das die Geschwindigkeiten im Unendlichen, also die Anströmung, und wie bei den EULERschen Gleichungen die Strömungsrichtung entlang der Körperkontur.

Die *Linearität* der LAPLACEschen Differentialgleichung hat eine wichtige praktische Konsequenz: Es gilt das *Superpositionsprinzip*, d. h. jede Linearkombination $\sum c_i\Phi_i = \Phi$ partikulärer Lösungen Φ_i von (5.69) ist wieder eine Lösung dieser Gleichung:

$$\Delta\left(\sum c_i\Phi_i\right) = 0 . \quad (5.70)$$

Davon wird in zahlreichen Anwendungen ausgiebig Gebrauch gemacht.

Schließlich ist festzustellen, daß die EULERschen Bewegungsgleichungen für Strömungen, die Gl. (5.69) gehorchen, identisch erfüllt sind. Das ist einzusehen, wenn man die EULER-Gleichungen in der Form (5.33) vektoriell mit dem Nablaoperator multipliziert:

$$\left[\nabla \frac{\partial \boldsymbol{v}}{\partial t}\right] + \left[\nabla \operatorname{grad}\left(\frac{v^2}{2} + U + \frac{p}{\varrho}\right)\right] = [\nabla[\boldsymbol{v} \operatorname{rot} \boldsymbol{v}]] . \quad (5.71)$$

Wegen $\operatorname{rot} \boldsymbol{v} = 0$ und der Vertauschbarkeit der Differentialoperationen verschwinden die einzelnen Terme von

(5.71). Außerdem gewinnt man aus dem ersten Term der linken Seite dieser Gleichung

$$\frac{\partial}{\partial t} \operatorname{rot} \boldsymbol{v} = 0. \tag{5.72}$$

Das heißt, wenn eine reibungsfreie Strömung zu einem Zeitpunkt wirbelfrei ist, so bleibt sie es immer. Allein diese Tatsachen berechtigen dazu, anstelle der EULERschen Gleichungen die bequemere LAPLACEsche Differentialgleichung zu verwenden, wenn man Hydromechanik reibungsfreier Flüssigkeiten betreibt.

In den praktischen Anwendungen geht man häufig so vor, daß man Funktionen Φ, die Lösungen der LAPLACEschen Differentialgleichung sind, vorgibt, sie dann physikalisch deutet und nach dem Superpositionsprinzip kombiniert bzw. im ebenen Fall mit den Methoden der konformen Abbildung auf andere Vorgänge überträgt (vgl. Abschnitt 5.3.4.4.).

Im folgenden sollen zunächst einige räumliche Potentialströmungen ausführlicher dargestellt werden.

a) *Parallelströmung*

$$\Phi = ax_1 + bx_2 + cx_3, \tag{5.73}$$

a, b und c sind konstant.

Die Gradientenbildung ergibt

$$v_1 = \frac{\partial \Phi}{\partial x_1} = a = v_{1\infty},$$

$$v_2 = \frac{\partial \Phi}{\partial x_2} = b = v_{2\infty},$$

$$v_3 = \frac{\partial \Phi}{\partial x_3} = c = v_{3\infty}.$$

Es handelt sich um eine Strömung mit einem überall konstanten Geschwindigkeitsvektor

$$\boldsymbol{v} = \begin{pmatrix} v_{1\infty} \\ v_{2\infty} \\ v_{3\infty} \end{pmatrix}.$$

b) *Räumliche Quell- und Senkenströmung*
Vorgegeben ist

$$\Phi = -\frac{Q}{2\pi r} \tag{5.74}$$

mit $r = \sqrt{x_1^2 + x_2^2 + x_3^2}$.
Es gilt

$$v_r = \frac{\partial \Phi}{\partial r} = \frac{Q}{4\pi r^2}.$$

Man nennt $Q = 4\pi r^2 v_r$ die *Ergiebigkeit* bzw. *Quellstärke.* Hierunter ist die Flüssigkeitsmenge zu verstehen, die durch die Kugeloberfläche $4\pi r^2$ pro Zeiteinheit strömt. Aus Gründen der Kontinuität muß das auch diejenige Substanzmenge sein, die dem singulären Punkt $r = 0$ entspringt.

Die Richtungsumkehr der radialen Geschwindigkeit ergibt eine Vorzeichenumkehr für das Geschwindigkeitspotential, das dann eine *Senkenströmung* bestimmt:

$$\Phi = +\frac{Q}{4\pi r}. \tag{5.74a}$$

c) *Räumlicher Dipol und die Potentialströmung um eine Kugel*

Die *Dipolströmung* gewinnt man durch Superposition von Quelle und Senke gleicher Ergiebigkeit, d. h.

$$\Phi_{\text{ges}} = \frac{Q}{4\pi}\left(\frac{1}{r_s} - \frac{1}{r}\right). \tag{5.75}$$

Aus Abb. 5.12 ist zu entnehmen

$$r_s = \sqrt{(x_1 - h)^2 + x_2^2 + x_3^2} \tag{5.76a}$$

und

$$r = \sqrt{x_1^2 + x_2^2 + x_3^2}. \tag{5.76b}$$

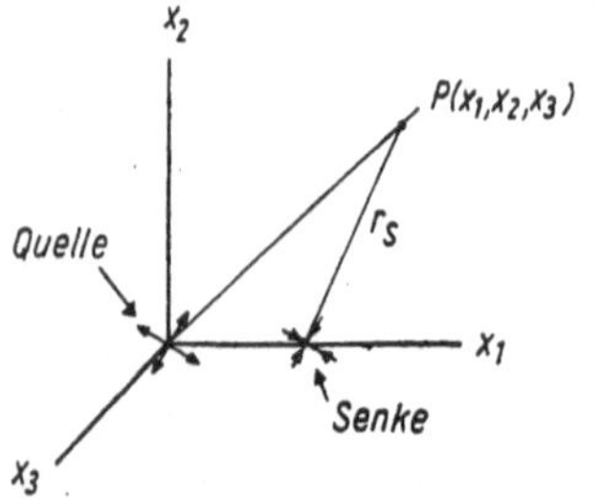

Abb. 5.12. Entstehung einer Dipolströmung aus Quelle und Senke

Erweitert man (5.75) mit h, dem Abstand zwischen Quelle und Senke, sieht das Dipolmoment $hQ/4\pi = M$ als konstant an und läßt h sehr klein werden, so wird

$$\Phi_{\text{Dipol}} = -M \lim_{h \to 0} \cdot \frac{1}{-h} \left[\frac{1}{\sqrt{(x_1 - h)^2 + x_2^2 + x_3^2}} - \frac{1}{\sqrt{x_1^2 + x_2^2 + x_3^2}} \right] \tag{5.77}$$

oder

$$\Phi_{\text{Dipol}} = -M \frac{\partial}{\partial x_1} \left(\frac{1}{r} \right) = +M \frac{x_1}{r^3} = + \frac{M}{r^2} \cos \varphi. \tag{5.78}$$

Der Grenzübergang mit $M = \text{const}$ ist physikalisch so zu verstehen, daß die Wirkung für $h \ll r$ die gleiche ist, wenn kleine Quellstärken und größere Abstände h vorhanden sind oder umgekehrt.

Die Superposition der Potentiale von Parallelströmung und Dipolströmung nach (5.78) führt auf die *Potential-*

strömung um eine Kugel

$$\Phi = v_{1\infty} x_1 + M \frac{x_1}{r^3}. \tag{5.79}$$

Die Geschwindigkeitskomponenten sind

$$v_1 = \frac{\partial \Phi}{\partial x_1} = v_{1\infty} + M \frac{r^2 - 3x_1^2}{r^5}, \tag{5.80a}$$

$$v_2 = \frac{\partial \Phi}{\partial x_2} = -3M \frac{x_1 x_2}{r^5}, \tag{5.80b}$$

$$v_3 = \frac{\partial \Phi}{\partial x_3} = -3M \frac{x_1 x_3}{r^5}. \tag{5.80c}$$

Es gibt zwei zum Ursprung symmetrisch gelegene ausgezeichnete Punkte, die Staupunkte. Sie befinden sich an den Stellen mit $\boldsymbol{v} = 0$. Aus den Gleichungen (5.80) folgen ihre Koordinaten zu

$$P_{s1}(-x_{s1}, 0, 0) \quad \text{und} \quad P_{s2}(x_{s1}, 0, 0),$$

wobei

$$x_{s1} = \pm \sqrt[3]{\frac{2M}{v_{1\infty}}}. \tag{5.81}$$

Wir setzen $x_{s1} = R$ und $\frac{x}{r} = \cos\varphi$ und kommen mit (5.79) zu der Beziehung

$$\Phi(r, \varphi) = v_{1\infty} \left(r + \frac{1}{2} \frac{R^3}{r^2} \right) \cos\varphi. \tag{5.82}$$

Bildet man hieraus die radiale Komponente der Geschwindigkeit

$$v_r = \frac{\partial \Phi}{\partial r} = v_{1\infty} \left(1 - \frac{R^3}{r^3} \right) \cos\varphi, \tag{5.83}$$

so erkennt man

$$v_r|_{r=R} = 0, \tag{5.84}$$

d. h. auf der Kugeloberfläche $r = R$ verschwindet die Normalkomponente der Geschwindigkeit. Das ist aber gerade die Randbedingung für die *umströmte ruhende Kugel*. Abb. 5.13 zeigt die Stromlinienbilder für einen räumlichen Dipol und für eine Kugelströmung in einer Meridianebene.

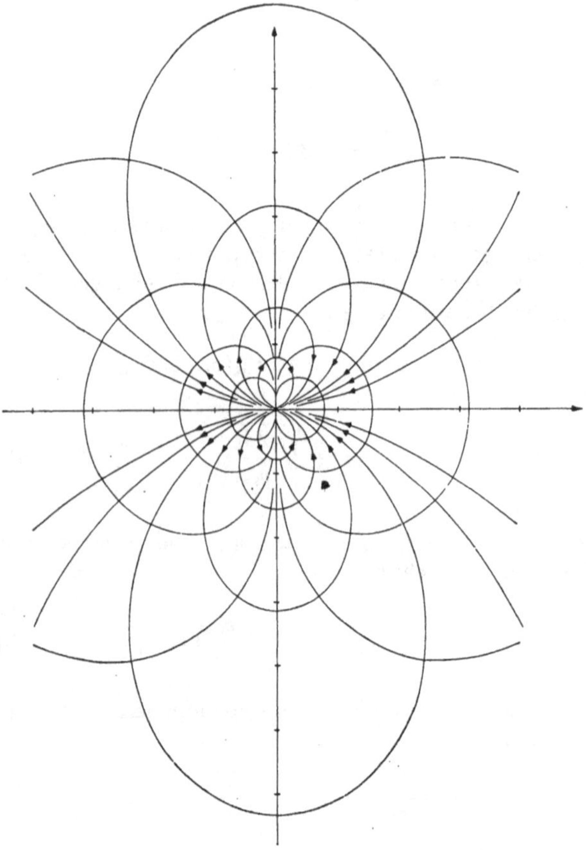

Abb. 5.13a. Stromlinien und Potentiallinien im Meridianschnitt eines räumlichen Dipols

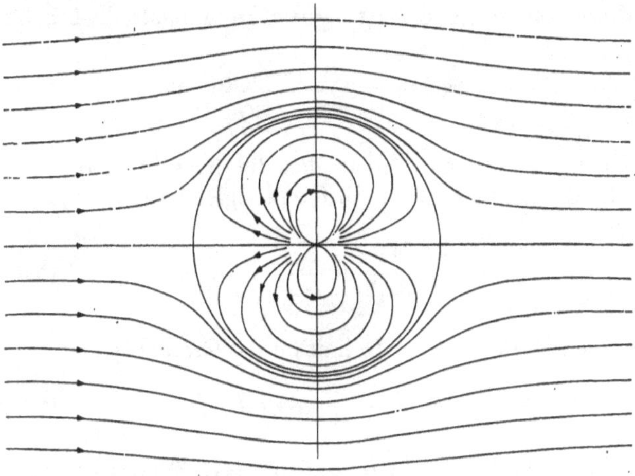

Abb. 5.13b. Umströmte Kugel als Superposition von Dipol und Parallelstrom

5.3.4.2. *Die Behandlung ebener Strömungsaufgaben mit Hilfe komplexer Funktionen*

Zur Behandlung *ebener Potentialströmungen* wird die Strömungsebene in eine komplexe Zahlenebene $z = x_1 + ix_2$ gelegt, wobei $i = \sqrt{-1}$. Der Geschwindigkeitsvektor kann jetzt durch die komplexe Zahl $w = v_1 + iv_2$ dargestellt werden.

Die Bedingung der Wirbelfreiheit läßt sich durch die Einführung einer *reellen Stromfunktion* $\psi(x_1, x_2)$ identisch erfüllen, wenn man diese durch die folgenden Beziehungen definiert:

$$\left.\begin{aligned} v_1 &= \frac{\partial \psi}{\partial x_2} \\ v_2 &= -\frac{\partial \psi}{\partial x_1} \end{aligned}\right\}. \qquad (5.85)$$

Einsetzen in die Bedingung der Drehungsfreiheit liefert

$$|\text{rot}\, \boldsymbol{v}| = \left| \frac{\partial v_2}{\partial x_1} - \frac{\partial v_1}{\partial x_2} \right| = 0. \tag{5.86}$$

Wir erkennen unmittelbar, daß die Stromfunktion ebenfalls der LAPLACEschen Differentialgleichung genügt:

$$\frac{\partial^2 \psi}{\partial x_1{}^2} + \frac{\partial^2 \psi}{\partial x_2{}^2} = 0. \tag{5.87}$$

Wegen (5.85) und der Definition des Gradienten ist

$$\text{grad}\, \psi \cdot \text{grad}\, \Phi = 0, \tag{5.88}$$

d. h., die Linien $\psi(x_1, x_2) = \text{const}$ und $\Phi(x_1, x_2) = \text{const}$ bilden ein Netz von orthogonalen Kurvenscharen. $\psi(x_1, x_2) = \text{const}$ stellen Stromlinien dar, denn

$$\mathrm{d}\psi = 0 = \frac{\partial \psi}{\partial x_1}\, \mathrm{d}x_1 + \frac{\partial \psi}{\partial x_2}\, \mathrm{d}x_2$$

führt mit (5.85) auf die bereits erwähnte Differentialgleichung dieser Linien (vgl. (5.10)).

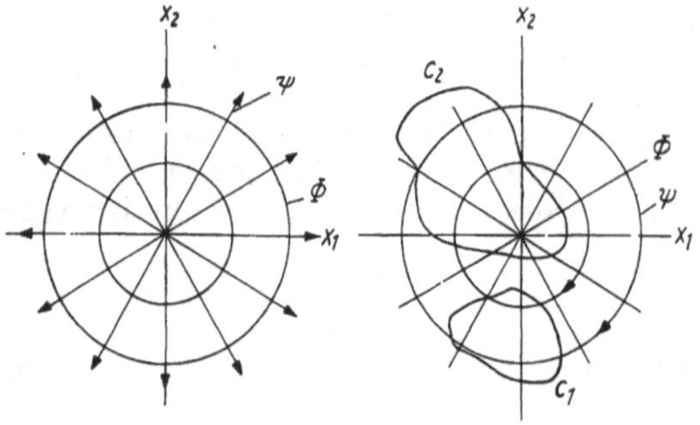

Abb. 5.14. Strom- und Potentiallinien von ebener Quelle und Potentialwirbel

Wegen (5.87) gilt das Vertauschungsprinzip: die Stromlinien des einen Vorganges können als Äquipotentiallinien des anderen aufgefaßt werden und umgekehrt (vgl. Abb. 5.14).

Aus der Potentialfunktion $\Phi(x_1, x_2)$ und der Stromfunktion $\psi(x_1, x_2)$ kann eine *komplexe Strömungsfunktion* oder ein *komplexes Potential* aufgebaut werden:

$$F(z) = \Phi(x_1 x_2) + i\psi(x_1 x_2). \tag{5.89}$$

Faßt man die Definitionsgleichungen für Φ (5.15) und für ψ (5.85) zusammen, so ergibt sich

$$\left.\begin{aligned} v_1 &= \frac{\partial \Phi}{\partial x_1} = \frac{\partial \psi}{\partial x_2} \\ v_2 &= \frac{\partial \Phi}{\partial x_2} = -\frac{\partial \psi}{\partial x_1} \end{aligned}\right\} \tag{5.90}$$

Das sind aber gerade die CAUCHY-RIEMANN*schen Differentialgleichungen* der Funktionentheorie für $F(z)$. Wo die Gleichungen (5.90) erfüllt sind, ist $F(z)$ eine reguläre oder analytische Funktion von z. Deshalb können wir die von der Funktionentheorie bereitgestellten Methoden auf die Behandlung ebener Potentialprobleme anwenden (RÜHS 1971).

Wir fassen $F(z)$ zunächst als eine Funktion von zwei veränderlichen $F(x_1, x_2)$ auf, bilden das vollständige Differential von F,

$$\mathrm{d}F = \frac{\partial \Phi}{\partial x_1}\,\mathrm{d}x_1 + \frac{\partial \Phi}{\partial x_2}\,\mathrm{d}x_2 + i\,\frac{\partial \psi}{\partial x_1}\,\mathrm{d}x_1 + i\,\frac{\partial \psi}{\partial x_2}\,\mathrm{d}x_2, \tag{5.91}$$

und erhalten wegen (5.90)

$$\mathrm{d}F = (v_1 - iv_2)\,(\mathrm{d}x_1 + i\,\mathrm{d}x_2) \tag{5.92}$$

bzw.

$$\frac{\mathrm{d}F}{\mathrm{d}z} = \overline{w} = v_1 - iv_2. \tag{5.93}$$

Damit kann das Geschwindigkeitsfeld durch die Ableitung der komplexen Strömungsfunktion bestimmt werden (anstelle der Gradientenbildung mit Hilfe der reellen Potentialfunktion Φ).

In den folgenden drei Anwendungsbeispielen soll das Arbeiten mit dem *komplexen Potential* F näher erläutert werden.

a) Parallelströmung

Die Strömungsfunktion heißt

$$F(z) = az \quad \text{mit} \quad a = a_1 + ia_2, \tag{5.94}$$

und ihre Ableitung lautet

$$\frac{\mathrm{d}F(z)}{\mathrm{d}z} = \overline{w} = a_1 + ia_2 = v_1 - iv_2 = v_{1\infty} - iv_{2\infty}.$$

Es folgt

$$a_1 = v_{1\infty} \quad \text{und} \quad a_2 = -v_{2\infty}.$$

b) Ebene Quelle und Senke

Die Strömungsfunktion heißt

$$F(z) = c \ln z.$$

Mit $z = re^{i\varphi}$ erhalten wir sogleich einen Überblick des Strom- und Potentiallinienverlaufs

$$F(r, \varphi) = c \ln r + ic\varphi.$$

Die Potentiallinien $\Phi = c \ln r = \text{const}$ sind konzentrische Kreise um den Ursprung, während die Stromlinien ein entsprechendes Geradenbüschel bilden (Abb. 5.14).

Es gibt nur eine Radialkomponente der Geschwindigkeit

$$v_r = \frac{\partial \Phi}{\partial r} = \frac{c}{r}. \tag{5.95}$$

Die physikalische Bedeutung der Konstanten c läßt sich aus der Massenbilanz erklären. Vergleicht man den Fluß durch einen Kreiszylindermantel von der Höhe Eins,

$$v_r \cdot 2\pi r \cdot 1 = Q \tag{5.96}$$

mit (5.95), so folgt

$$c = \frac{Q}{2\pi}. \tag{5.97}$$

Kehrt man das Vorzeichen von v_r, d. h. die Strömungsrichtung, um, so kommt man zu einer ebenen Senke. Wir haben also

$$F(z) = \frac{Q}{2\pi} \ln z \quad \text{für eine } \textit{Quelle} \tag{5.98}$$

und

$$F(z) = -\frac{Q}{2\pi} \ln z \quad \text{für eine } \textit{Senke}. \tag{5.99}$$

c) *Potentialwirbel*

Wir wenden auf die ebene Quellströmung das Vertauschungsprinzip an, d. h. die Stromlinien in Abb. 5.14 werden als Potentiallinien gedeutet und umgekehrt. Das führt auf die Strömungsfunktion

$$F(z) = \frac{i\Gamma}{2\pi} \ln z \tag{5.100}$$

bzw. in Polarkoordinaten ($z = re^{i\varphi}$)

$$F(r, \varphi) = -\frac{\Gamma}{2\pi}\, \varphi + i\, \frac{\Gamma}{2\pi} \ln r. \tag{5.101}$$

Analog zu (5.98) wird Γ auch als *Wirbelstärke* bezeichnet.

Es gibt jetzt keine Radialkomponente der Geschwindigkeit, sondern die Teilchen laufen auf konzentrischen Kreisen um den Ursprung

$$\begin{aligned} v_r &= \frac{\partial \Phi}{\partial r} = 0, \\ v_\varphi &= \frac{\partial \Phi}{r \partial \varphi} = -\frac{\Gamma}{2\pi r}. \end{aligned} \tag{5.102}$$

Die Strömung ist jedoch wirbelfrei mit Ausnahme des singulären Punktes $r = 0$. Das erkennt man durch Auswertung der Umlaufintegrale

$$\oint_{C_1} \boldsymbol{v} \, \mathrm{d}\boldsymbol{s} \tag{5.103}$$

und

$$\oint_{C_2} \boldsymbol{v} \, \mathrm{d}\boldsymbol{s}, \tag{5.104}$$

wobei das von C_1 umlaufende Gebiet nicht den Ursprung enthält, im Gegensatz zum Umlauf längs C_2.

Wir zeigen zunächst, daß die Zirkulation

$$\oint \boldsymbol{v} \, \mathrm{d}\boldsymbol{s} = \oint (v_1 \, \mathrm{d}x_1 + v_2 \, \mathrm{d}x_2) \tag{5.105}$$

durch das komplexe Integral

$$\oint \overline{w}(z) \, \mathrm{d}z = \oint (v_1 - i v_2)(\mathrm{d}x_1 + i \mathrm{d}x_2) \tag{5.106}$$

ausgedrückt werden kann. Man erkennt sofort, daß der Realteil von (5.106) mit (5.105) übereinstimmt. Der Imaginärteil

$$\mathrm{Im}\left(\oint_C \overline{w} \, \mathrm{d}z\right) = \oint_C (v_1 \, \mathrm{d}x_2 - v_2 \, \mathrm{d}x_1) \tag{5.107}$$

muß demnach verschwinden; das ist auch der Fall, weil das Umlaufintegral von $\overline{w}(z)$ nicht geändert wird, wenn der Integrationsweg nur innerhalb des Regularitätsbereiches verschoben wird. Es kann deswegen auch anstelle einer beliebigen Kurve von der Art C_2 eine Stromlinie genommen werden, längs derer aber gerade wegen ihrer Definition (vgl. (5.10)) bzw. wegen (5.90) der Imaginärteil von (5.106) verschwinden muß. Damit ist die Äquivalenz der Gleichungen (5.105) und (5.106) bewiesen.

Es ist uns jetzt möglich, die Zirkulation mit Hilfe des *Residuensatzes* auszurechnen, und wir erhalten

$$\oint \boldsymbol{v}\,\mathrm{d}\boldsymbol{s} = \oint \overline{w}\,\mathrm{d}z = 2\pi i\,\mathrm{Res}\,[\overline{w}(z)]. \tag{5.108}$$

Aus (5.100) folgt

$$\overline{w}(z) = \frac{\mathrm{d}F(z)}{\mathrm{d}z} = \frac{i\Gamma}{2\pi z} \tag{5.109}$$

und damit das Residuum an der Stelle $z = 0$

$$\mathrm{Res}\,[\overline{w}(z)] = \frac{i\Gamma}{2\pi}. \tag{5.110}$$

Wenn der singuläre Punkt $z = 0$ bei der Integration umlaufen wird, haben wir die Zirkulation

$$-\Gamma = \oint_{C_2} \overline{w}(z)\,\mathrm{d}z. \tag{5.111}$$

Sonst gilt:

$$\oint_{C_1} \overline{w}(z)\,\mathrm{d}z = 0. \tag{5.112}$$

Die Strömung ist also mit Ausnahme des Punktes $z = 0$ drehungsfrei, woraus der paradox anmutende Name *Potentialwirbel* entstanden ist.

5.3.4.3. *Die Blasiusschen Formeln*

Wir wollen zu allgemeinen Aussagen über Kräfte in ebenen Potentialströmungen kommen. Zu diesem Zweck wird ein Querschnitt eines zylindrischen Körpers mit beliebiger Kontur betrachtet. Die Querschnittsebene sei die komplexe Strömungsebene $z = x_1 + ix_2$. Der Körper werde mit der konstanten Geschwindigkeit $v_{1\infty}$ angeströmt (Abb. 5.15). Es gelten dann folgende Randbedingungen:

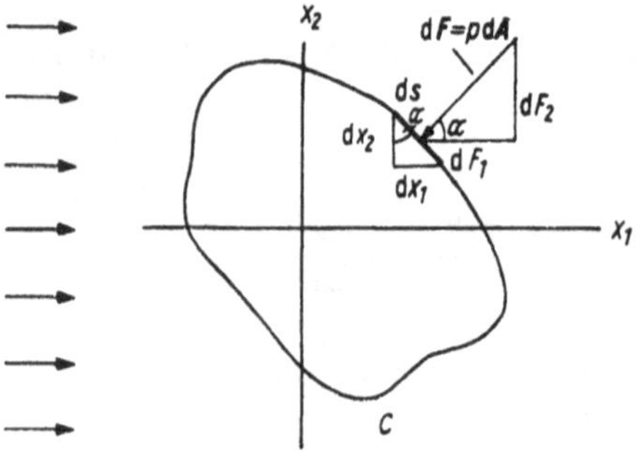

Abb. 5.15. Zur Herleitung der BLASIUSschen Formel

1. Die Geschwindigkeit muß im Unendlichen konstant sein, d. h.

$$\lim_{|z|\to\infty} \overline{w}(z) = v_{1\infty}. \tag{5.113a}$$

2. Die Körperkontur muß Stromlinie sein, längs C ist folglich

$$d\psi = -v_2\, dx_1 + v_1\, dx_2 = 0. \tag{5.113b}$$

Für einen Zylinder mit der Höhe b ergeben sich folgende

Gleichungen für die Kräfte F_1 und F_2:

$$F_1 = -b \oint_C p \cos\alpha \, \mathrm{d}s = -b \oint_C p \, \mathrm{d}x_2, \qquad (5.114)$$

$$F_2 = -b \oint_C p \sin\alpha \, \mathrm{d}s = +b \oint_C p \, \mathrm{d}x_1. \qquad (5.115)$$

Der Druck kann hieraus mit Hilfe der BERNOULLIschen Gleichung

$$p + \frac{\varrho}{2} w\overline{w} = p_\infty + \frac{\varrho}{2} v_{1\infty}^2$$

eliminiert werden; dabei ist zu beachten, daß die Umlaufintegrale über konstante Größen verschwinden. Dann folgt

$$F_1 = b \frac{\varrho}{2} \oint_C w\overline{w} \, \mathrm{d}x_2. \qquad (5.116)$$

$$F_2 = -b \frac{\varrho}{2} \oint_C w\overline{w} \, \mathrm{d}x_1. \qquad (5.117)$$

Diese beiden reellen Gleichungen lassen sich zu einer einzigen komplexen Gleichung vereinigen,

$$iF_1 - F_2 = b \frac{\varrho}{2} \oint_C w\overline{w} (\mathrm{d}x_1 + i \, \mathrm{d}x_2), \qquad (5.118)$$

und mit (5.93) wird

$$iF_1 - F_2 = b \frac{\varrho}{2} \oint_C w \, \mathrm{d}F(z). \qquad (5.119)$$

Längs der Kontur ist wegen der zweiten Randbedingung (vgl. (5.113b) $\mathrm{d}\psi = 0$ und damit $\mathrm{d}F = \mathrm{d}\Phi$ reell. Die zu Gl. (5.119) konjugiert komplexe Zahl ist also

$$-iF_1 - F_2 = b\,\frac{\varrho}{2} \oint_C \overline{w}\, \mathrm{d}F(z)\,. \qquad (5.120)$$

Nach erneuter Verwendung von Gl. (5.93) und Multiplikation mit i gewinnt man daraus die unter dem Namen *erste Blasiussche Formel* bekannte Beziehung

$$F_1 - iF_2 = ib\,\frac{\varrho}{2} \oint_C \overline{w}^2\, \mathrm{d}z\,. \qquad (5.121)$$

Durch ähnliche Überlegungen gelangen wir zur *zweiten Blasiusschen Formel* für das Drehmoment um den Ursprung. Wir wollen sie hier ohne weitere Erörterungen erwähnen (SCHLICHTING und TRUCKENBRODT 1962)

$$M = -\frac{\varrho}{2}\, b\, \mathrm{Re} \left[\oint_C \overline{w}^2 z\, \mathrm{d}z \right]. \qquad (5.122)$$

Aus der ersten Randbedingung (5.133a) ist zu entnehmen, daß die Geschwindigkeit nach Potenzen von $\frac{1}{z}$ entwickelt werden kann

$$\overline{w}(z) = a_0 + \frac{a_1}{z} + \frac{a_2}{z^2} + \cdots, \qquad (5.123)$$

und es folgt

$$\lim_{|z|\to\infty} \overline{w}(z) = v_{1\infty} = a_0\,. \qquad (5.124)$$

Weiter gilt

$$\mathrm{Res}\,[\overline{w}(z)] = a_1\,, \qquad (5.125)$$

und nach dem *Cauchyschen Integralsatz*

$$\oint \overline{w}(z)\, \mathrm{d}z = 2\pi i a_1 \qquad (5.126)$$

erhalten wir bei Beachtung von (5.111)

$$2\pi i a_1 = -\Gamma. \tag{5.127}$$

Wir finden ferner aus (5.123)

$$\overline{w}^2(z) = a_0{}^2 + 2\,\frac{a_1 a_0}{z} + \cdots \tag{5.128}$$

und

$$\mathrm{Res}\,[\overline{w}^2(z)] = 2a_1 a_0 = -\frac{\Gamma v_{1\infty}}{i\pi}. \tag{5.129}$$

Damit können wir die erste BLASIUSsche Formel Gl. (5.121) auswerten:

$$F_1 - iF_2 = -ib\varrho v_\infty \Gamma. \tag{5.130}$$

Dieses Ergebnis ist in zweifacher Hinsicht bedeutungsvoll. Es liefert zunächst die *Auftriebsformel* von KUTTA-JOUKOWSKI

$$F_2 = b\varrho v_\infty \Gamma. \tag{5.131}$$

Der Auftrieb in einer ebenen Potentialströmung ist bei festgelegter Zirkulation unabhängig von der Umrißform des Querschnittes (Näheres zur Bestimmung von Γ wird im folgenden Abschnitt 5.3.4.4. gesagt).

Die zweite Konsequenz aus (5.130) lautet

$$F_1 = 0. \tag{5.132}$$

Der umströmte Körper erfährt in der Potentialströmung keinen Widerstand. Auf dieses, der praktischen Erfahrung widersprechende Ergebnis ist zuerst D'ALEMBERT gestoßen, weshalb man es heute das D'ALEMBERT*sche Paradoxon* nennt.

Zu diesem Resultat gelangt man auch bei räumlichen Potentialströmungen. Darin zeigt sich insgesamt ein ernster Mangel, der der Theorie reibungsfreier Strömungen anhaftet und der gleichzeitig die Grenzen ihrer Brauchbarkeit kennzeichnet. Man kann die Theorie der Potentialströmungen überall dort benutzen, wo der vernachlässigte Einfluß der Reibung von untergeordneter Bedeutung ist. Das ist beispielsweise der Fall in der Aerodynamik der Tragflügel und Flugzeugrümpfe, in der Propellertheorie und bei der Umströmung schlanker Körper, deren Querabmessungen gegenüber ihren Ausdehnungen in der Strömungsrichtung gering sind.

5.3.4.4. Bemerkungen zur konformen Abbildung

Wenn man die Umströmung um bestimmte Konturen berechnen will, so gibt es dazu prinzipiell zwei Wege. Der erste, das *Singularitätenverfahren*, beruht auf dem in Abschnitt 5.3.4.1. erklärten Superpositionsprinzip. Es werden Quellen, Senken und ggf. Potentialwirbel mit einer Parallelströmung überlagert. Durch geschickte Anordnung dieser Elemente können Stromlinien erzeugt werden, die denen umströmter Konturen entsprechen. Dieses Verfahren wird in der modernen Strömungslehre ausgiebig praktiziert (SCHLICHTING und TRUCKENBRODT 1962). Die in Abschnitt 5.3.4.1. vorgeführte Berechnung der Kugelströmung ist ein Beispiel dafür.

Der zweite bei ebenen Strömungen gangbare Weg ist die *konforme Abbildung*, dessen Begründung durch die *Cauchy-Riemannschen Differentialgleichungen* gegeben ist.

Als Beispiel wollen wir die Umströmung eines Kreises aus der ebenen Parallelströmung mittels konformer Abbildung berechnen.

Die Parallelströmung liege in der Ebene $\zeta = \xi_1 + i\xi_2$. Mit Gl. (5.94) ist dann

$$F(\zeta) = v_{1\infty}\zeta\,. \tag{5.132}$$

Durch die Funktion

$$\zeta = z + \frac{R^2}{z} \tag{5.133}$$

wird eine konforme Abbildung auf die z-Ebene vermittelt. Die in der ζ-Ebene auf der reellen Achse doppelt durchlaufene Strecke von $\xi_1 = -2R$ bis $\xi_1 = +2R$ wird in der z-Ebene auf einen Mittelpunktkreis mit dem Radius R abgebildet. Das erkennt man leicht, wenn $z = Re^{i\varphi}$ (mit $R = \text{const}$) gesetzt wird

$$\zeta = Re^{i\varphi} + Re^{-i\varphi} = 2R\cos\varphi .$$

Die Gleichung (5.133) vermittelt ein Abbild der ganzen ζ-Ebene sowohl auf das Innengebiet des Kreises $|z| \leqq R$ als auch auf das Außengebiet $|z| \geqq R$. Hier interessiert das letztere (vgl. Abb. 5.16). Die Umströmung des Kreises ist somit durch

$$F[\zeta(z)] = v_{1\infty}\left(z + \frac{R^2}{z}\right) = \Phi + i\Psi \tag{5.134}$$

gegeben.

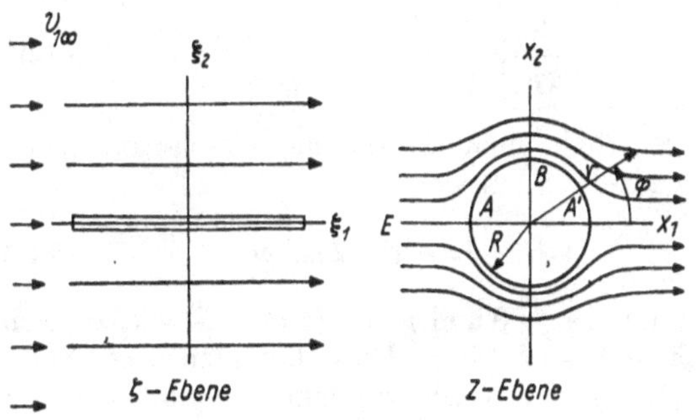

Abb. 5.16. Die konforme Abbildung der Parallelströmung auf die Umströmung eines Körpers

Mit $z = re^{i\varphi}$ gelingt leicht die Zerlegung von $F(z)$ in Real- und Imaginärteil

$$\Phi = v_{1\infty}\left(r + \frac{R^2}{r}\right)\cos\varphi, \tag{5.135}$$

$$\Psi = v_{1\infty}\left(r - \frac{R^2}{r}\right)\sin\varphi. \tag{5.136}$$

Für $r = R$ oder für $\varphi = 0$ und $\varphi = \pi$ ist $\Psi = 0$, d. h. die reelle Achse x_1 stellt eine Stromlinie dar, die an den Punkten $z = \pm R$ mit dem Kreis $|z| = R$ verzweigt ist.

Die durch (5.31) geforderte Randbedingung ist auf dem Kreis erfüllt: Wegen

$$v_r = \frac{\partial\Phi}{\partial r} = v_{1\infty}\left(1 - \frac{R^2}{r^2}\right)\cos\varphi \tag{5.137}$$

verschwindet die Normalkomponente der Geschwindigkeit auf dem Kreis $r = R$:

$$v_n = \left.\frac{\partial\Phi}{\partial r}\right|_{r=R} = 0. \tag{5.138}$$

Die Tangentialgeschwindigkeit kann ebenfalls aus (5.135) berechnet werden:

$$v_\varphi = \frac{\partial\Phi}{r\partial\varphi} = -v_{1\infty}\left(1 + \frac{R^2}{r^2}\right)\sin\varphi. \tag{5.139}$$

Für $r = R$ erhält man daraus die Geschwindigkeitsverteilung auf der Kontur:

$$v_\varphi|_{r=R} = -v_{1\infty}\, 2\sin\varphi. \tag{5.140}$$

An den Punkten $\varphi = 0$ und $\varphi = \pi$ $(z = \pm R)$ wird danach die Geschwindigkeit Null. Dort befinden sich Staupunkte. Die größte Geschwindigkeit ergibt sich für $\varphi = \pm\frac{\pi}{2}$, d. h. $z = \pm iR$, dort ist $|v_{\max}| = 2v_{1\infty}$.

Die Druckverteilung auf der Kontur kann mit Hilfe der BERNOULLIschen Gleichung (5.39) berechnet werden. Führt man einen *dimensionslosen Druckkoeffizienten*

$$C_p = \frac{p - p_\infty}{\frac{\varrho}{2} v_\infty{}^2} = 1 - \frac{v^2}{v_\infty{}^2} \tag{5.141}$$

ein, so folgt für eine Kreisströmung

$$C_p = 1 - 4 \sin^2 \varphi . \tag{5.142}$$

(Eine Verwechslung des Druckkoeffizienten C_p mit der spezifischen Wärme ist wohl kaum zu befürchten.)

Die Kreisströmung ist nun der Ausgangspunkt für die Anwendungen der konformen Abbildung auf die Theorie der Tragflügelprofile. Auf eine ausführliche Darstellung dieser Zusammenhänge muß hier verzichtet werden. Es sei auf die Spezialliteratur (ALBRING 1970, RIEGELS 1958, BETZ 1948) verwiesen und nur einiges erwähnt.

Eine besondere Rolle spielt bei den Anwendungen die *Joukowskische Abbildungsfunktion*

$$\zeta = z + \frac{a^2}{z} . \tag{5.143}$$

Mit dieser Funktion wird jetzt eine Abbildung von der z-Ebene auf die ζ-Ebene übertragen. Den Fall $a^2 = R^2$ haben wir soeben besprochen, er führt von Kreiszylinderquerschnitt zu dem längs angeströmten „*Plattenprofil*“, dessen Umströmung potentialtheoretisch mit der Parallelströmung identisch ist. Wenn man die Lage des Kreises und die reelle Zahl a in Formel (5.143) verändert, kann man in der ζ-Ebene mannigfache Formen gewinnen. In der nachstehenden Übersicht (vgl. Abb. 5.17) sind einige Beispiele für $a = 0{,}9\ R$ zusammengestellt.

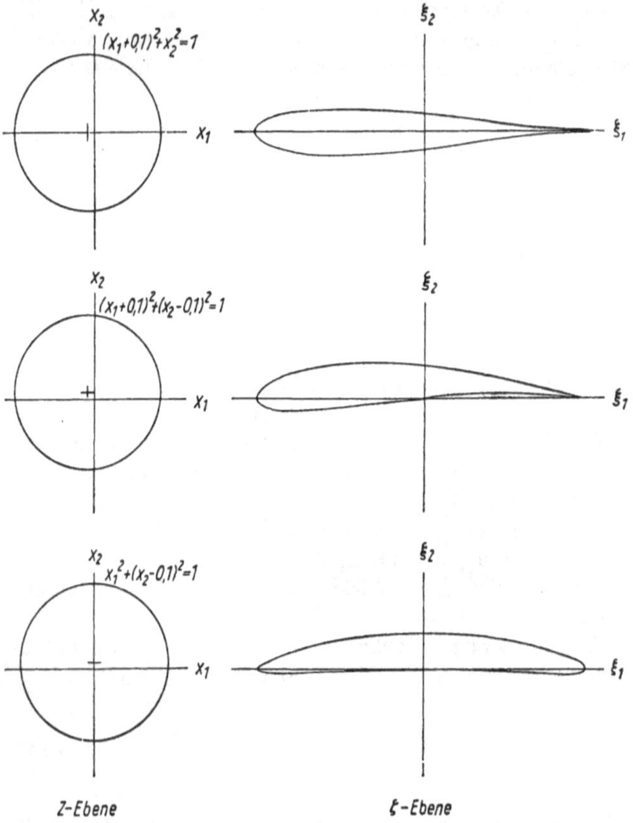

Abb. 5.17. Beispiele zur JOUKOWSKIschen Abbildungsfunktion

Mit Hilfe der JOUKOWSKIschen Abbildungsfunktion können auch Strömungen um *schräg* angeblasene und unsymmetrische Profile berechnet werden. Das geschieht in folgenden Schritten:

— Erstens legt man um den in der z-Ebene angeströmten Kreis einen Potentialwirbel, so daß dort die Strömungsfunktion

$$F(z) = \overline{w}_\infty \left(z + \frac{R^2}{z}\right) + \frac{i\Gamma}{2\pi} \ln z \qquad (5.144)$$

gilt.

– Zweitens werden mit Hilfe der Zwischenabbildung

$$z^* = (z - z_0)\, \mathrm{e}^{-i\alpha} \qquad (5.144\,\mathrm{a})$$

eine Verschiebung des Strömungsfeldes nach (5.144) um z_0 und eine Drehung um den Winkel α durchgeführt.

– Drittens wendet man auf die z^*-Ebene die JOUKOWSKIsche Abbildungsfunktion $\zeta = z^* + a^2/z^*$ an. a, R und z_0 bestimmen die Art der umströmten Kontur, und durch α wird das Bogenmaß des Anstellwinkels festgelegt.

Schließlich ist die zur Erzielung eines Auftriebes erforderliche Zirkulation zu ermitteln. Ihre Entstehung beruht auf der Flüssigkeitsreibung. Sie ist infolgedessen nicht potentialtheoretisch zu erfassen. Es gilt jedoch die durch die Erfahrung bestätigte *Abflußbedingung von* KUTTA (vgl. SCHLICHTING und TRUCKENBRODT 1962). Danach wird die Zirkulation gerade so groß, daß der hintere Staupunkt der Kreisströmung auf die scharfe Hinterkante des Profils in der ζ-Ebene abgebildet wird (Abb. 5.18).

Die Lage der Staupunkte in der z-Ebene kann aus der Bedingung

$$\overline{w}(z) = \frac{\mathrm{d}F(z)}{\mathrm{d}z} = \overline{w}_\infty \left(1 - \frac{R^2}{z^2}\right) + \frac{i\Gamma}{2\pi z} \qquad (5.145)$$

ermittelt werden.

Damit ist eine vollständige Berechnung der Strömung in der ζ-Ebene möglich. Es sei noch erwähnt, daß diese Theorie bis zu Anstellwinkeln von etwa 12° gültig ist. Bei größeren Anstellwinkeln kommt es infolge der Reibung zu einer Ablösung der Strömung.

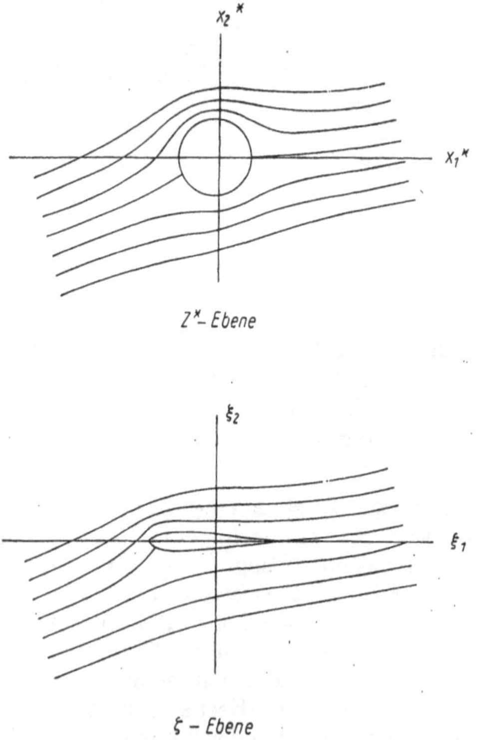

Abb. 5.18. Die **Kutta**sche Abflußbedingung, konforme Abbildung der Kreisströmung mit Zirkulation auf ein schräg angeblasenes Profil

5.4. *Wirbelsätze*

Die Formulierung der *Wirbelsätze* verdanken wir Thomson und Helmholtz. Die wesentlichen Aussagen dieser Sätze erhält man aus der Untersuchung der zeitlichen und räumlichen Änderung der Zirkulation. Wir berechnen zunächst die zeitliche Änderung

$$\frac{\mathrm{d}\Gamma}{\mathrm{d}t} = \frac{\mathrm{d}}{\mathrm{d}t} \oint_C \boldsymbol{v} \, \mathrm{d}\boldsymbol{s}\,. \tag{5.146}$$

Dabei soll ausdrücklich zugelassen werden, daß sich der Integrationsweg C ebenfalls zeitlich verändert, also gewissermaßen mit der Flüssigkeit „mitschwimmt“. Die Gleichung (5.146) wird mit Hilfe des *Stokesschen Integralsatzes* und unter Verwendung des *Wirbelvektors* $\boldsymbol{w} = \frac{1}{2} \operatorname{rot} \boldsymbol{v}$ umgeformt:

$$\frac{\mathrm{d}\Gamma}{\mathrm{d}t} = 2 \frac{\mathrm{d}}{\mathrm{d}t} \iint \boldsymbol{w} \, \mathrm{d}\boldsymbol{A}\,. \tag{5.147}$$

Für die zeitliche Ableitung des Flächenintegrals gilt die Beziehung (vgl. SMIRNOW 1955)

$$\frac{\mathrm{d}}{\mathrm{d}t} \iint_A \boldsymbol{w} \, \mathrm{d}\boldsymbol{A} = \iint_A \left[\frac{\partial \boldsymbol{w}}{\partial t} - \operatorname{rot}\,[\boldsymbol{v}, \boldsymbol{w}] + \boldsymbol{v} \operatorname{div} \boldsymbol{w}\right] \mathrm{d}\boldsymbol{A}\,. \tag{5.148}$$

Wenn die Komponenten von $\boldsymbol{v}$, wie hier angenommen, stetig differenzierbare Funktionen des Ortes sind, ist

$$\operatorname{div} \boldsymbol{w} = \frac{1}{2} \operatorname{div} \operatorname{rot} \boldsymbol{v} = 0\,. \tag{5.149}$$

Ferner liefert (5.71) bei nicht verschwindender Drehung

$$\frac{\partial}{\partial t} \operatorname{rot} \boldsymbol{v} = \operatorname{rot}\,[\boldsymbol{v}, \operatorname{rot} \boldsymbol{v}] = 2 \frac{\partial \boldsymbol{w}}{\partial t} = 2 \operatorname{rot}\,[\boldsymbol{v}, \boldsymbol{w}]\,, \tag{5.150}$$

und da das für jede Fläche A gilt, verschwinden die rechten Seiten von (5.147) und von (5.148). Wir erhalten den *Satz von* THOMSON

$$\frac{\mathrm{d}\Gamma}{\mathrm{d}t} = 0$$

bzw.

$$\frac{\mathrm{d}}{\mathrm{d}t} \iint_A \boldsymbol{w} \, \mathrm{d}\boldsymbol{A} = 0. \qquad (5.151)$$

Für eine *ideale Flüssigkeit* in einem konservativen Kraftfeld ($\boldsymbol{k} = -\mathrm{grad}\, U$) bleibt die Zirkulation zeitlich konstant. Mit (5.149) liegt eine zu Gl. (5.27) analoge Kontinuitätsgleichung für die Wirbelstärke vor. Aus den vorstehenden Überlegungen lassen sich die *Helmholtzschen Wirbelsätze für ideale Flüssigkeiten* folgern:

- Kein Flüssigkeitsteilchen kommt in Drehung, wenn es nicht von Anfang an in Drehung war. Eine Flüssigkeitsbewegung aus der Ruhe heraus ist somit stets drehungsfrei.
- Flüssigkeitsteilchen, die einer Wirbellinie angehören, bleiben immer zu dieser gehörig.
- Der Wirbelfluß

  $$\iint \boldsymbol{w} \, \mathrm{d}\boldsymbol{A}$$

  ist längs einer Wirbelröhre konstant. Wirbellinien können in einer idealen Flüssigkeit nicht beginnen oder enden. Sie stellen entweder geschlossene Ringe dar oder sie gehen bis zu den Grenzen der idealen Flüssigkeit (Gefäßwandungen, Oberfläche usw.).

Nach dem D'ALEMBERTschen Paradoxon tritt eine weitere Unzulänglichkeit zutage, die die Annahme der Reibungsfreiheit mit sich bringt. Man kann einige Erscheinungen der Wirbelbewegung wie oben geschehen zwar beschreiben, aber nicht deren Ursachen erklären. Dazu bedarf es des Studiums der Flüssigkeitsströmungen mit Reibung.

5.5. *Strömungen mit Reibung*

5.5.1. *Die Navier-Stokesschen Gleichungen*

Es werden im folgenden *inkompressible reibungsbehaftete Strömungen* behandelt. Für sie gelten die Voraussetzungen

$$\operatorname{div} \boldsymbol{v} = 0; \quad \eta \neq 0.$$

Die rheologische Zustandsgleichung (3.25) lautet in diesem Fall

$$\tau_{ik} = -\delta_{ik} p + \eta \left(\frac{\partial v_i}{\partial x_k} + \frac{\partial v_k}{\partial x_i} \right). \tag{5.152}$$

Bei der Herleitung der *Navier-Stokesschen Gleichungen* gehen wir den prinzipiell gleichen Weg wie bei den EULERschen Bewegungsgleichungen. Die Gleichung (5.152) wird in (5.29) eingesetzt. Dabei nimmt der Term $\nabla \boldsymbol{\tau}$ jetzt eine andere Gestalt an:

$$\nabla \boldsymbol{\tau} = \begin{cases} -\dfrac{\partial p}{\partial x_1} + 2\eta \dfrac{\partial}{\partial x_1}\left(\dfrac{\partial v_1}{\partial x_1}\right) + \eta \dfrac{\partial}{\partial x_2}\left(\dfrac{\partial v_1}{\partial x_2} + \dfrac{\partial v_2}{\partial x_1}\right) \\ \quad + \eta \dfrac{\partial}{\partial x_3}\left(\dfrac{\partial v_1}{\partial x_3} + \dfrac{\partial v_3}{\partial x_1}\right); \\ -\dfrac{\partial p}{\partial x_2} + \eta \dfrac{\partial}{\partial x_1}\left(\dfrac{\partial v_2}{\partial x_1} + \dfrac{\partial v_1}{\partial x_2}\right) + 2\eta \dfrac{\partial}{\partial x_2}\left(\dfrac{\partial v_2}{\partial x_2}\right) \\ \quad + \eta \dfrac{\partial}{\partial x_3}\left(\dfrac{\partial v_2}{\partial x_3} + \dfrac{\partial v_3}{\partial x_2}\right); \\ -\dfrac{\partial p}{\partial x_3} + \eta \dfrac{\partial}{\partial x_1}\left(\dfrac{\partial v_3}{\partial x_1} + \dfrac{\partial v_1}{\partial x_3}\right) \\ \quad + \eta \dfrac{\partial}{\partial x_2}\left(\dfrac{\partial v_3}{\partial x_2} + \dfrac{\partial v_2}{\partial x_3}\right) + 2\eta \dfrac{\partial}{\partial x_3}\left(\dfrac{\partial v_3}{\partial x_3}\right). \end{cases} \tag{5.153}$$

Unter Beachtung der obigen Voraussetzungen findet man daraus

$$\nabla \boldsymbol{\tau} = -\operatorname{grad} p + \eta \left(\frac{\partial^2 \boldsymbol{v}}{\partial x_1{}^2} + \frac{\partial^2 \boldsymbol{v}}{\partial x_2{}^2} + \frac{\partial^2 \boldsymbol{v}}{\partial x_3{}^2} \right). \qquad (5.154)$$

Für die übrigen Terme von Gl. (5.29) gelten auch hier die Ausführungen in den Abschnitten 5.2.3. und 5.3.1. Mit der *kinematischen Zähigkeit* $\nu = \frac{\eta}{\varrho}$ und den Beziehungen (5.29), (5.30) und (5.154) kommen wir auf die *Navier-Stokesschen Bewegungsgleichungen*

$$\frac{\partial \boldsymbol{v}}{\partial t} + (\boldsymbol{v}\nabla)\, \boldsymbol{v} = -\frac{1}{\varrho} \operatorname{grad} p - \operatorname{grad} U + \nu \Delta \boldsymbol{v} \qquad (5.155)$$

oder in Komponentenform mit $i = 1, 2, 3$

$$\frac{\partial v_i}{\partial t} + (\boldsymbol{v}\nabla)\, v_i = -\frac{1}{\varrho} \frac{\partial p}{\partial x_i} - \frac{\partial U}{\partial x_i} + \nu \Delta v_i . \qquad (5.155\,\text{a})$$

Mit den Gleichungen (5.155) und

$$\operatorname{div} \boldsymbol{v} = 0$$

liegt ein System von 4 Differentialgleichungen für die Funktionen $v_i(x_1, x_2, x_3, t)$ — $i = 1, 2, 3$ — und $p(x_1, x_2, x_3, t)$ vor. Wegen des Reibungsterms $\nu \Delta v_i$ handelt es sich um Differentialgleichungen 2. Ordnung. Dazu gehören zwei Randbedingungen. Bei umströmten Hindernissen oder an unbeweglichen Wänden lauten diese:

a) $v_n = 0$; die Normalkomponente verschwindet, weil durch feste Wände nichts hindurchströmt.

b) $v_t = 0$; die Tangentialkomponente verschwindet ebenfalls, d. h. die Flüssigkeit haftet an festen Wänden.

Das steht im Einklang mit allen experimentellen Befunden. Die Randbedingung b) macht den prinzipiellen Unterschied zu den reibungsfreien Strömungen deutlich; dort ist ein Gleiten an festen Wänden ausdrücklich gestattet (vgl. Abschnitt 5.3.4.4., Gl. (5.139)).

Wie sich dieser Unterschied auswirken kann, zeigen die Abbildungen 5.19 und 5.20. Hier sind der schematische Stromlinienverlauf sowie die Druckverteilungen der Kreisströmung mit und ohne Reibungseinfluß dargestellt (Flachsbart 1932). Die Bedeutung der Re-Zahl wird in Abschnitt 5.5.4. erklärt. Nach der Potentialtheorie wird auf der Staupunktstromlinie von A' bis A die *kinetische Energie* der Flüssigkeitsteilchen in *Druckenergie* umgewandelt und umgekehrt von A bis B. An der Stelle B ($\varphi = \pi/2$) ist ein *Druckminimum* nach (5.142) und ein *Geschwindigkeitsmaximum* entsprechend (5.140) vorhanden.

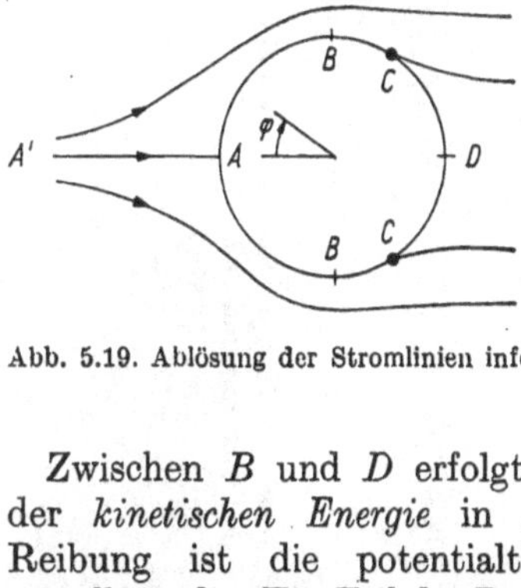

Abb. 5.19. Ablösung der Stromlinien infolge der Reibung

Zwischen B und D erfolgt wieder die Umwandlung der *kinetischen Energie* in *Druckenergie*. Wegen der Reibung ist die potentialtheoretische Energiebilanz unvollständig. Ein Teil der Bewegungsenergie wird durch die Reibung in Wärmeenergie umgesetzt. Deshalb reicht die verbleibende kinetische Energie nicht aus, um den potentialtheoretisch geforderten Druckanstieg zwischen B und D zu überwinden. Sie ist bereits an der Stelle C verbraucht; dort bleiben Flüssigkeitsteilchen liegen und andere werden nach außen abgedrängt. Auf diese Weise kommt es zur Strömungsablösung und zur Bildung von *Totwassergebieten*. Diese Bemerkungen stehen nicht im Widerspruch zur oben formulierten zweiten Randbedin-

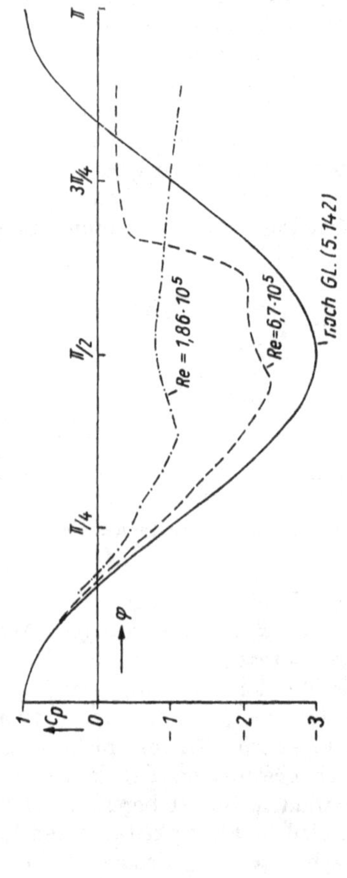

Abb. 5.20. Druckverteilungen längs eines umströmten Kreises nach der Potentialtheorie und nach Experimenten

gung für die NAVIER-STOKESschen Gleichungen, wenn man sich auf so wandnahe Bereiche bezieht, in denen die potentialtheoretischen Druck- und Geschwindigkeitsverteilungen an der Wand nahezu gleich sind und andererseits die geforderte Haftbedingung nicht mehr gilt.

Die Vorgänge in diesen Bereichen sind Gegenstand der *hydrodynamischen Grenzschichttheorie* (SCHLICHTING 1965). Die Behandlung von Strömungsaufgaben durch exakte Lösungen der NAVIER-STOKESschen Gleichungen ist wegen der mathematischen Schwierigkeiten nur in seltenen Fällen möglich. Man muß sich meistens mit Näherungslösungen begnügen.

5.5.2. *Die Wirbeltransportgleichung und die Analogie zur Wärmeleitung*

Wir betrachten eine ebene Strömung im Koordinatensystem x_1, x_2. Dann haben wir zwei Gleichungen (5.155a) mit $i = 1$ und $i = 2$.

Die erste dieser Gleichungen werde partiell nach x_2 und die zweite partiell nach x_1 differenziert:

$$\frac{\partial}{\partial x_2}\left(\frac{\mathrm{d}v_1}{\mathrm{d}t}\right) = -\frac{1}{\varrho}\,\frac{\partial^2 p}{\partial x_1 \partial x_2} - \frac{\partial^2 U}{\partial x_1 \partial x_2} + \nu\,\frac{\partial}{\partial x_2}\,\Delta v_1\,, \tag{5.156}$$

$$\frac{\partial}{\partial x_1}\left(\frac{\mathrm{d}v_2}{\mathrm{d}t}\right) = -\frac{1}{\varrho}\,\frac{\partial^2 p}{\partial x_1 \partial x_2} - \frac{\partial^2 U}{\partial x_1 \partial x_2} + \nu\,\frac{\partial}{\partial x_1}\,\Delta v_2\,. \tag{5.157}$$

Subtrahiert man diese Gleichungen voneinander, so wird bei Vertauschung der Differentialoperationen

$$\frac{\mathrm{d}}{\mathrm{d}t}\left(\frac{\partial v_2}{\partial x_1} - \frac{\partial v_1}{\partial x_2}\right) = \nu\Delta\left(\frac{\partial v_2}{\partial x_1} - \frac{\partial v_1}{\partial x_2}\right). \tag{5.158}$$

Andererseits besteht der Drehvektor in der Ebene nur aus der zur Strömungsebene senkrechten Komponente

$$w = \frac{1}{2}\left(\frac{\partial v_2}{\partial x_1} - \frac{\partial v_1}{\partial x_2}\right).$$

Daraus folgt mit (5.158) die *Wirbeltransportgleichung*

$$\frac{\mathrm{d}\boldsymbol{w}}{\mathrm{d}t} = \nu \Delta \boldsymbol{w}. \tag{5.159}$$

Die totale zeitliche Änderung des Drehvektors kann, wie früher mit dem Geschwindigkeitsvektor geschehen, in einen lokalen und einen konvektiven Anteil zerlegt werden. Mit Gl. (5.159) ist die Entstehung der Wirbelbewegung durch Reibung belegt. Denn sie sagt aus, daß die *Dissipation* der Wirbelstärke durch Reibung der substantiellen Änderung der Wirbelstärke entspricht.

Die Wirbeltransportgleichung (5.159) ist vom gleichen Typ wie die Differentialgleichung, die die *Temperaturverteilung* eines umströmten und beheizten Körpers beschreibt. Für das Temperaturfeld $\vartheta(x_1, x_2)$ gilt (SCHLICHTING 1965)

$$\frac{\mathrm{d}\vartheta}{\mathrm{d}t} = \frac{\lambda}{\varrho c_0} \Delta\vartheta; \tag{5.160}$$

$\frac{\mathrm{d}\vartheta}{\mathrm{d}t}$ bedeutet hierbei die Summe aus lokaler und konvektiver Temperaturänderung, die sich durch Differenzieren ergibt.

$$\frac{\mathrm{d}\vartheta}{\mathrm{d}t} = \frac{\partial\vartheta}{\partial t} + v_1 \frac{\partial\vartheta}{\partial x_1} + v_2 \frac{\partial\vartheta}{\partial x_2}; \tag{5.161}$$

λ ist die Wärmeleitfähigkeit und c_0 die spezifische Wärme. Dieser Umstand läßt einige Analogiebetrachtungen und Schlußfolgerungen zu.

Ein in Abb. 5.21 dargestellter beheizter angeströmter Körper verursacht in seiner Umgebung eine Temperaturverteilung die von v und $\frac{\lambda}{\varrho c_0}$ abhängig ist. ϑ_0 sei die Oberflächentemperatur des umströmten Körpers und $\vartheta_0 > \vartheta_\infty$.

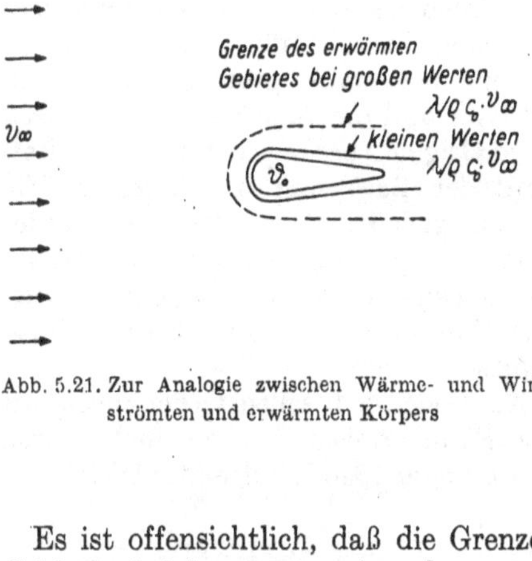

Abb. 5.21. Zur Analogie zwischen Wärme- und Wirbelverteilung eines umströmten und erwärmten Körpers

Es ist offensichtlich, daß die Grenzen des erwärmten Gebietes bei konstanten λ und $\varrho \cdot c_0$ und zunehmender Geschwindigkeit immer enger am erwärmten Körper liegen und sich auch im Nachlauf nur auf ein schmales Gebiet erstrecken. Bei sehr geringen Anströmgeschwindigkeiten hingegen wird das erwärmte Gebiet groß. Analog verhält es sich mit dem Einfluß der durch die Reibung verursachten Drehung. Bei großen Geschwindigkeiten und kleinen Zähigkeiten beschränkt sich dieser auf eine dünne Schicht, die Grenzschicht, und auf ein schmales Nachlaufgebiet. Bei großen Zähigkeiten und geringen Geschwindigkeiten wird sich die Drehung dagegen in größeren Gebieten auswirken.

5.5.3. *Grundzüge der Ähnlichkeitsmechanik*

Wir hatten bereits darauf hingewiesen, daß die Integration der NAVIER-STOKESschen Gleichungen zu erheblichen Schwierigkeiten führen kann. Aus diesem Grunde besitzt das *hydrodynamische Versuchswesen* eine besondere Bedeutung. Bei Modellversuchen muß man wissen, ob und inwieweit die Ergebnisse eines solchen Versuches auf den Originalvorgang, zumeist die Großausführung, übertragen werden können. Dafür gibt es zwei Bedingungen, die *geometrische* und die *dynamische Ähnlichkeit* zwischen Modell- und Originalvorgang. Letztere bedeutet, daß die am Ablauf der Bewegung beteiligten Kräfte in beiden Fällen im gleichen Verhältnis zueinander stehen müssen, oder anders ausgedrückt: die NAVIER-STOKESschen Gleichungen für beide Vorgänge dürfen sich nur durch einen konstanten Faktor (also prinzipiell überhaupt nicht) unterscheiden.

Wir wollen die NAVIER-STOKESschen Gleichungen auf eine dimensionslose Form bringen. Das geschieht durch die Einführung von *Bezugsgrößen* in folgender Weise:

$$\begin{aligned} &\boldsymbol{r} = L\boldsymbol{r}^*; && x_i = Lx_i^*; && \\ &\boldsymbol{v} = V\boldsymbol{v}^*; && t = Tt^*; && \varrho = \varrho_0\varrho^*; \\ &\nu = \nu_0 \cdot \nu^*; && p = p_0p^*; && g = g_0g^*. \end{aligned} \tag{5.162}$$

Die mit dem Stern versehenen Größen sind dimensionslos. Ebenso können der Nabla- und LAPLACE-Operator dimensionslos gemacht werden

$$\nabla = \frac{1}{L}\nabla^*; \quad \Delta = \nabla^2 = \frac{1}{L^2}\Delta^*. \tag{5.163}$$

Es ist klar, daß einige der hier eingeführten Bezugsgrößen voneinander abhängig sind. So ist z. B.

$$\boldsymbol{v} = \frac{\mathrm{d}\boldsymbol{r}}{\mathrm{d}t} = \boldsymbol{v}^*V = \frac{L}{T}\frac{\mathrm{d}\boldsymbol{r}^*}{\mathrm{d}t^*} \tag{5.164}$$

und damit

$$V = \frac{L}{T}, \quad \frac{d\boldsymbol{v}}{dt} = \frac{V^2}{L}\frac{d\boldsymbol{v}^*}{dt^*} \tag{5.165}$$

Wir führen die Relationen (5.162) bis (5.165) in die NAVIER-STOKESschen Gleichungen ein und erhalten mit

$$-\text{grad}\, U = g_0 g^* \tag{5.166}$$

(U sei das Potential der Schwerkraft) eine dimensionslose Gleichung

$$\frac{d\boldsymbol{v}^*}{dt^*} = \left(\frac{Lg_0}{V^2}\right)\boldsymbol{g}^* - \left(\frac{p_0}{\varrho_0 V^2}\right)\frac{1}{\varrho^*}\,\text{grad}^*p^* + \left(\frac{\nu_0}{LV}\right)\nu^*\Delta^*\boldsymbol{v}^*. \tag{5.167}$$

Man drückt nun die in Klammern stehenden Zahlenverhältnisse durch folgende nach ihren Entdeckern benannte Kennzahlen aus:

$$Fr = \frac{V}{\sqrt{g_0 L}} \text{ *Froude-Zahl* mit } \mathrm{Fr}^2 = \frac{\text{Trägheitskraft}}{\text{Schwerkraft}} \tag{5.168}$$

$$Eu = \frac{\frac{\varrho_0}{2}V^2}{p_0} \text{ *Euler-Zahl* mit } 2\mathrm{Eu} = \frac{\text{Trägheitskraft}}{\text{Druckkraft}} \tag{5.169}$$

$$Re = \frac{VL}{\nu_0} \text{ *Reynolds-Zahl* mit } \mathrm{Re} = \frac{\text{Trägheitskraft}}{\text{Reibungskraft.}} \tag{5.170}$$

Damit lautet die dimensionslose NAVIER-STOKESsche Vektorgleichung

$$\frac{d\boldsymbol{v}^*}{\boldsymbol{v}t^*} = \frac{1}{\mathrm{Fr}^2}\boldsymbol{g}^* - \frac{1}{2\mathrm{Eu}}\frac{1}{\varrho}\,\text{grad}^*\,p^* + \frac{1}{\mathrm{Re}}\,\nu^*\Delta^*\boldsymbol{v}^*. \tag{5.171}$$

Mit Gl. (5.168) bis (5.171) liegen praktisch überschaubare Kriterien für die Übertragbarkeit zwischen Modell- und Originalvorgang vor (vgl. Abb. 5.22).

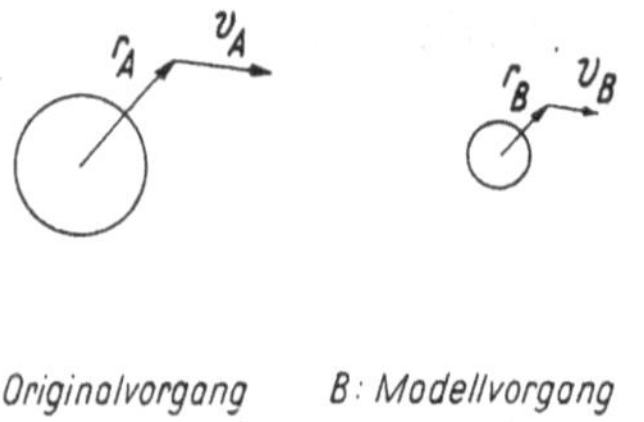

Abb. 5.22. Zur Modellähnlichkeit

Zwei Strömungen A und B mit äquivalenten Randbedingungen sind *dynamisch ähnlich*, wenn die Bedingungen

$$\left.\begin{aligned} \frac{V_A}{\sqrt{g_A L_A}} &= \frac{V_B}{\sqrt{g_B L_B}} = \mathrm{Fr} \\ \frac{V_A L_A}{\nu_A} &= \frac{V_B L_B}{\nu_B} = \mathrm{Re} \\ \frac{\frac{\varrho_A}{2} V_A^2}{p_A} &= \frac{\frac{\varrho_B}{2} V_B^2}{p_B} = \mathrm{Eu} \end{aligned}\right\} \tag{5.172}$$

Wenn zwei dieser Bedingungen erfüllt sind, so ist die dritte wegen des Vorhandenseins der Bewegungsgleichung (5.171) von selbst erfüllt. Hier treten einige Probleme des Modellversuchswesens deutlich zutage. Wenn man mit verkleinerten Modellen unter irdischen Bedingungen ($g_A = g_B$) und gleichem Medium ($\nu_A = \nu_B$) arbeitet, müßte beispielsweise ein Modellmaßstab $\frac{L_A}{L_B} = 100$ nach dem Froudeschen Ähnlichkeitsgesetz $\frac{V_B}{V_A} = 0{,}1$ und nach dem Reynoldsschen $\frac{V_B}{V_A} = 100$ erfordern. Man sieht, daß die gleichzeitige Einhaltung des Froudeschen und des Reynoldsschen Ähnlichkeitsgesetzes praktisch unmöglich ist. Nur bei einem Modellmaßstab von 1:1 wären beide Ähnlichkeitsgesetze erfüllt. Dieser Umstand hat überall dort, wo Reibung und Schwerkraft gleichermaßen von Bedeutung sind, erhebliche Konsequenzen. Erwähnt seien in diesem Zusammenhang die Schleppfahrten an der freien Wasseroberfläche im schiffbaulichen Modellversuchswesen (SCHMITZ 1963, BRAUN 1966). Man realisiert dort zumeist nur das FROUDEsche Ähnlichkeitsgesetz und kann dann die Vorgänge der Oberflächenwellenbildung und den in der Hauptsache dadurch bedingten Widerstand einigermaßen richtig wiedergeben. Reibungseinflüsse und alle darauf beruhenden Vorgänge sind damit natürlich nicht zu erfassen. Bei Strömungen ohne freie Oberfläche, wie z. B. im Innern einer Flüssigkeit, spielt die Schwerkraft keine Rolle, weil sie an jedem Teilchen gerade durch dessen hydrostatischen Auftrieb aufgehoben wird. Darum hat bei Körpern, die sich tief unter einer freien Flüssigkeitsoberfläche bewegen, oder im Flugwesen die REYNOLDSzahl allein eine ausschlaggebende Bedeutung.

Nun findet man in einem praktischen Modellversuch, bei welchem man Komponenten der Kräfte (z. B. Auftrieb F_A, Widerstand F_W) mißt, diese ja nicht nach der Art ihrer Wirkungen aufgeteilt, wie das in den Bewegungsgleichungen (5.155 oder 5.167) der Fall ist. In den gemessenen Komponenten steckt vielmehr die Summe dieser Kräfte. Sind diese wie in (5.167) normiert, dann entsprechen den Kräften dimensionslose Zahlen, sie heißen Kraftbeiwerte. Man beachte, daß die Bewegungsgleichung (5.155) bereits auf die Masseneinheit bezogen ist und mit der Division durch die Bezugsbeschleunigung $b = \frac{V^2}{L}$ gemäß (5.165) auf die dimensionslose Form (5.167) gebracht wurde. Daraus folgt, daß die mit den Kraftkomponenten F_i gebildeten Zahlen

$$\frac{F_i}{\varrho} V^2 L^2$$

in Modell- und Großausführung übereinstimmen müssen, wenn dynamische Ähnlichkeit vorhanden ist.

Man bezieht die Beiwerte zumeist auf den Staudruck der Anströmung und auf eine charakteristische Fläche A, z. B. die Projektionsfläche eines Körpers senkrecht zur Anströmung. Auf diese Weise werden beispielsweise ein *Widerstandsbeiwert*

$$C_W = \frac{F_W}{\frac{\varrho}{2} V_\infty^2 A} \tag{5.173}$$

oder ein *Auftriebsbeiwert*

$$C_A = \frac{F_A}{\frac{\varrho}{2} V_\infty^2 A} \tag{5.174}$$

definiert.

5.5.4. *Lösungen der Navier-Stokesschen Gleichungen*

Es gibt nur wenige exakte Lösungen der NAVIER-STOKESschen Gleichungen. Von diesen wollen wir hier die *laminare Rohrströmung* unter folgenden Voraussetzungen behandeln: die Geschwindigkeit sei überall parallel zur horizontal liegenden Rohrachse orientiert $v_2 = v_3 = 0$. Die Schwerkraft und andere Massenkräfte bleiben unberücksichtigt. Die Strömung sei stationär, d. h. $\frac{\partial v}{\partial t} = 0$.

Es ist zweckmäßig, die Koordinatenachse x_1 in die Rohrachse zu legen (Abb. 5.23). Unter diesen Voraus-

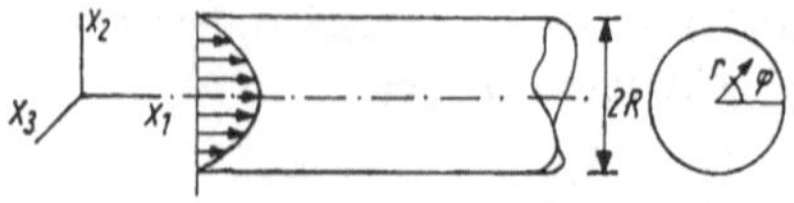

Abb. 5.23. Laminare, stationäre Rohrströmung

setzungen reduzieren sich die NAVIER-STOKESschen Gleichungen auf

$$v_1 \frac{\partial v_1}{\partial x_1} = -\frac{1}{\varrho} \frac{\partial p}{\partial x_1} + \nu \left(\frac{\partial^2 v_1}{\partial x_1{}^2} + \frac{\partial^2 v_1}{\partial x_2{}^2} + \frac{\partial^2 v_1}{\partial x_3{}^2} \right), \quad (5.175)$$

$$0 = -\frac{1}{\varrho} \frac{\partial p}{\partial x_2}, \quad (5.176)$$

$$0 = -\frac{1}{\varrho} \frac{\partial p}{\partial x_3}, \quad (5.177)$$

und aus der Kontinuitätsgleichung wird

$$\frac{\partial v_1}{\partial x_1} = 0. \quad (5.178)$$

Das heißt, v_1 hängt nicht von x_1 und p nicht von x_2 und x_3 ab. Damit vereinfacht sich Gl. (5.175) zu

$$\frac{\mathrm{d}p}{\mathrm{d}x_1} = \eta \left(\frac{\partial^2 v_1}{\partial x_2{}^2} + \frac{\partial^2 v_1}{\partial x_3{}^2} \right). \quad (5.179)$$

Auf der linken Seite dieser Gleichung steht eine Funktion von x_1, die rechte hängt dagegen nur von x_2 und x_3 ab. Da die Variablen x_1, x_2 und x_3 willkürlich sind, müssen beide Seiten von (5.179) konstant sein:

$$\frac{\mathrm{d}p}{\mathrm{d}x_1} = -b, \quad (5.180)$$

$$\eta \left(\frac{\partial^2 v_1}{\partial x_2{}^2} + \frac{\partial^2 v_1}{\partial x_3{}^2} \right) = -b. \quad (5.181)$$

Wir führen Zylinderkoordinaten ein (vgl. Abb. 5.23):

$$x_1, x_2, x_3 \to x_1, r, \varphi.$$

Wegen der Rotationssymmetrie hängt v_1 jedoch nicht von φ ab, und aus (5.181) folgt

$$\frac{\mathrm{d}}{\mathrm{d}r}\left(r\,\frac{\mathrm{d}v_1}{\mathrm{d}r}\right) = -\frac{b}{\eta}\,r. \tag{5.182}$$

Die zweimalige Integration dieser Gleichung liefert

$$v_1 = -\frac{b}{4\eta}\,r^2 + c_1 \ln r + c_2. \tag{5.183}$$

Da die Geschwindigkeit in der Rohrmitte ($r = 0$) endlich bleiben und an der Wand ($r = R$) wegen der Haftbedingung $v_1 = 0$ sein muß, gilt

$$c_1 = 0, \quad c_2 = +\frac{bR^2}{4\eta}. \tag{5.184}$$

Ersetzt man gemäß (5.180) b durch das Druckgefälle $-\dfrac{\Delta p}{\Delta l} = -\dfrac{\mathrm{d}p}{\mathrm{d}x_1}$ über die Rohrlänge l, so wird

$$v_1 = \frac{\Delta p}{4\eta\Delta l}\,(R^2 - r^2). \tag{5.185}$$

Die *Durchflußmenge* ergibt sich aus dem Flächenintegral von v_1 über den Rohrquerschnitt

$$Q = 2\pi \int_0^R v_1 r\,\mathrm{d}r = \frac{\pi\Delta p R^4}{8\eta\Delta l}. \tag{5.186}$$

Dieses Ergebnis wird nach seinen Entdeckern das *Hagen-Poiseuillesche Gesetz* genannt. Es liefert eine Möglichkeit, die *Zähigkeit* η experimentell zu bestimmen: Der Radius der Kapillare R sowie ein Druckgefälle $\dfrac{\Delta p}{\Delta l}$ werden vorgegeben, die Durchflußmenge Q gemessen und η nach (5.186) ausgerechnet.

Experimente haben gezeigt, daß das HAGEN-POISEUILLEsche Gesetz nur gilt, wenn die *Reynolds-Zahl*

$$\mathrm{Re} = \frac{v_1 R}{\nu} < 2300 \tag{5.187}$$

ist. Man nennt dann die Strömung laminar. Wenn dieser kritische Wert überschritten wird, kommt es zu einer völlig anderen Strömungsart, der *turbulenten Strömung*. Diese ist dadurch gekennzeichnet, daß (mit Ausnahme wandnaher Bereiche) ein Flüssigkeitstransport durch das Rohr von unregelmäßigen Geschwindigkeitsschwankungen in allen Richtungen begleitet ist. Man hat durch Einleiten von Farbstoffen in Glasröhren festgestellt, daß es im Gegensatz zum laminaren Zustand bei einer turbulenten Strömung zu einer Durchmischung aller Querschnittsbereiche kommt. Es ist nicht möglich, im Rahmen dieses Buches auf das Phänomen der Turbulenz näher einzugehen. Es sei nur erwähnt, daß es auch in Grenzschichten an den Oberflächen umströmter Körper zum Umschlag von laminarer in turbulente Strömung kommt (SCHLICHTING 1965; KAUFMANN 1958).

Es gibt eine Anzahl von Näherungslösungen der NAVIER-STOKESschen Gleichungen, die darauf beruhen, daß unter gewissen Umständen bestimmte Terme dieser Gleichungen vernachlässigt werden können. Zumeist handelt es sich um die Grenzfälle kleiner und sehr großer REYNOLDS-Zahlen. Strömungen mit größeren REYNOLDS-zahlen führen auf die *Grenzschichttheorie*, die in der Flugtechnik von großer Wichtigkeit ist. Wir müssen uns hier jedoch mit dem Hinweis auf die Spezialliteratur begnügen (vgl. z. B. SCHLICHTING und TRUCKENBRODT 1962).

Wenn man in den NAVIER-STOKESschen Gleichungen die Trägheitsglieder streichen kann, kommt man auf die *schleichenden Bewegungen*. Diese Trägheitsglieder sind proportional zu v^2, die Reibungsglieder dagegen nur zu v. Das bedeutet, schleichende Bewegungen entsprechen dem Grenzfall sehr kleiner REYNOLDS-Zahlen. Bei Vernachlässigung der Trägheitskräfte und bei nicht vorhandenen Massenkräften reduzieren sich die NAVIER-STOKESschen Gleichungen (5.155) auf

$$\operatorname{grad} p = \eta \Delta \boldsymbol{v}. \tag{5.188}$$

Wegen der Kontinuitätsgleichung $\operatorname{div} \boldsymbol{v} = 0$ führt das zu einer Potentialgleichung für den Druck

$$\Delta p = 0. \tag{5.189}$$

Bei der kapillaren Rohrströmung hatten wir festgestellt, daß die Geschwindigkeit dem Druckgefälle proportional ist (vgl. (5.185)). Das ist auch bei der Strömung durch einen engen ebenen Spalt der Fall (SCHLICHTING 1965). Es ist plausibel, daß die Proportionalität zwischen Druckgefälle und Geschwindigkeit bei *Sickerströmungen* besteht, denn dort verläuft die Strömung durch sehr enge spaltartige Zwischenräume, die man gleichfalls als *Kapillaren* auffassen kann. Demnach gilt hier allgemein

$$v_i \sim -\frac{\partial p}{\partial x_i} \tag{5.190}$$

bzw.

$$\boldsymbol{v} \sim -\operatorname{grad} p.$$

In diesem Zusammenhang wollen wir folgendes Experiment beschreiben (Abb. 5.24). Ein horizontal liegendes Rohr werde mit feinem Sand oder einer porösen Substanz

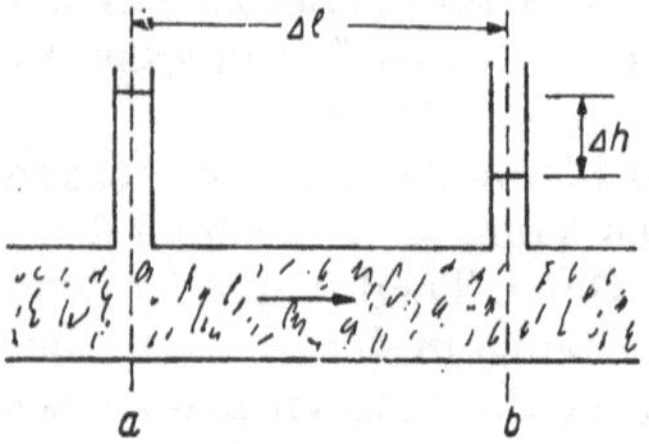

Abb. 5.24. Die Sickerströmung

gefüllt. An den Stellen a und b ist je ein senkrechtes offenes Standrohr angeschlossen. Wenn man nun von der linken Seite her eine Flüssigkeit durch das Rohr drückt, so stellt sich ein Druckgefälle in dem gefüllten Rohr ein. In den Standrohren bei a und b steigt die Flüssigkeit entsprechend diesem Druckgefälle.

In der Praxis interessieren nun weniger die Geschwindigkeiten in den einzelnen Poren und Spalten, sondern vielmehr die Flüssigkeitsmengen, die durch die Zwischenräume sickern. Die Durchflußmenge durch eine bestimmte Querschnittsfläche kann ausgedrückt werden gemäß

$$Q = \frac{\mathrm{d}V}{\mathrm{d}t} = A v_F . \tag{5.191}$$

Die Größe v_F heißt *Filtergeschwindigkeit*. Sie ist nicht identisch mit der Geschwindigkeit, welche die Flüssigkeit beim Durchströmen der einzelnen Zwischenräume besitzt, sondern im Mittel kleiner als diese. Die Durchflußmenge muß selbstverständlich den tatsächlichen Strömungsgeschwindigkeiten proportional sein, damit ist also auch

$$v_{Fi} \sim -\frac{\partial p}{\partial x_i} . \tag{5.192}$$

Wir machen daraus eine Gleichung, indem wir setzen

$$v_{Fi} = -\frac{\alpha}{\eta}\frac{\partial p}{\partial x_i}$$

bzw.

$$\boldsymbol{v}_F = -\frac{\alpha}{\eta}\,\mathrm{grad}\, p . \tag{5.193}$$

Die durch diese Beziehung definierte Größe α nennt man *Permeabilität* oder *Durchlässigkeit*. Die Strömungsgeschwindigkeiten in engen Rohren und Spalten sind der

Zähigkeit umgekehrt proportional (vgl. (5.185)). Dieser Umstand findet in (5.193) seine Berücksichtigung.

Die Permeabilität kann durch Experimente bestimmt werden, z. B. nach dem oben Beschriebenen (Abb. 5.24). Man pflegt die Zahlenwerte für α in der Einheit Darcy $= 10^{-12}\,\mathrm{m}^2$ anzugeben. Hier seien einige Zahlenbeispiele genannt:

Sand:	2—180 Darcy
Silicagel:	1—500 Darcy
Sandstein:	$1-11 \cdot 10^7$ Darcy.

Die Gültigkeit von (5.193) wurde zuerst von DARCY durch Experimente mit feinem Sand nachgewiesen und wird nun nach ihm *Darcysches Filtergesetz* genannt. Mit den Gleichungen (5.189) und (5.193) besteht eine Analogie zu den früher behandelten reibungsfreien Potentialströmungen:

Sickerströmungen	Potentialströmungen (reibungsfrei)
$\boldsymbol{v}_F = -\dfrac{\alpha}{\eta}\,\mathrm{grad}\,p = -\mathrm{grad}\left(\dfrac{\alpha p}{\eta}\right)$	$\boldsymbol{v} = \mathrm{grad}\,\Phi$
$\Delta\left(\dfrac{\alpha}{\eta}\,p\right) = 0$	$\Delta\Phi = 0$

Es entsprechen sich also $\boldsymbol{v}_F$ und $\boldsymbol{v}$ sowie $-\dfrac{\alpha}{\eta}\,p$ und Φ.

Daraus folgt, daß alle für die Potentialströmungen entwickelten Berechnungsverfahren auch hier angewendet werden können, insbesondere das der konformen Abbildung bei ebenen Strömungen.

Die Randbedingungen für die Sickerströmung sind:

a) An einer undurchlässigen Wand muß die Richtung der Filtergeschwindigkeit $\boldsymbol{v}_F$ mit der Wandtangente übereinstimmen.
b) Die Filtergeschwindigkeiten müssen im gesamten Strömungsgebiet endlich bleiben.

Technische Anwendung finden Sickerströmungen bei der Erkundung von Erdöl und Erdgas oder auch bei Speicherproblemen von Erdgas in tiefen Bodenschichten sowie beim Durchgang von Flüssigkeiten durch feinporige Filter. Darüber hinaus sind einige Berechnungen für Brunnen mit Sammelwasser möglich. Wie eine solche Anwendung aussehen kann, soll am folgenden Beispiel gezeigt werden.

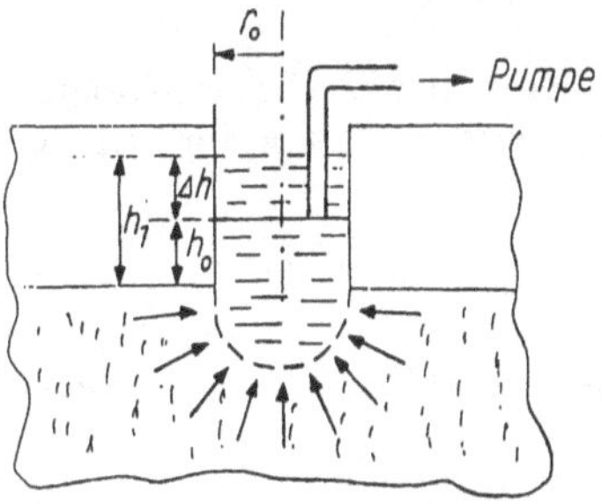

Abb. 5.25. Zur Berechnung eines Brunnens

Ein Grundwasserträger sei von einer waagerechten undurchlässigen Deckschicht begrenzt (Abb. 5.25). Durch diese sei ein Schachtbrunnen mit einer halbkreisförmigen Sohle geführt. Die Permeabilität α des nach unten unbegrenzt angenommenen Grundwasserträgers sei bekannt und ebenso die Höhe h_1 des Wasserstandes im Brunnen im Ruhezustand, d. h. wenn kein Wasser entnommen wird. Es sei außerdem der Radius des Kreiszylinderförmigen Brunnens r_0 und der halbkugelförmigen Sohle gegeben. Nun werde aus diesem Brunnen Wasser gepumpt. Das Saugrohr der Pumpe reiche bis zu einer

Höhe h_0 über den unteren Rand der Deckschicht. Welche Flüssigkeitsmenge Q_0 pro Sekunde kann aus dem Brunnen gefördert werden, ohne daß die Pumpe Luft ansaugt?

Die Sickerströmung verläuft analog zu einer räumlichen Senke. Das Grundwasser bewegt sich radial aus dem unteren Halbraum auf die Brunnensohle zu. Wir haben also gemäß (5.191) und (5.193)

$$v_F = \frac{Q}{2\pi r^2} = -\frac{\alpha}{\eta}\frac{\partial p}{\partial r}. \tag{5.194}$$

sowie

$$p = -\varrho g h. \tag{5.195}$$

Zusammen folgt daraus durch Integration

$$-Q\frac{1}{r} = 2\pi\frac{\alpha}{\eta}\varrho g h + C. \tag{5.196}$$

Die Integrationskonstante kann aus der Randbedingung $z = h_1$ für $r \to \infty$ bestimmt werden. Es ergibt sich mit $r = r_0$

$$Q = 2\pi\frac{\alpha}{\eta}\varrho g(h_1 - h)\, r_0. \tag{5.197}$$

Damit finden wir für die der Höhe h_0 entsprechende zulässige Fördermenge

$$Q_0 = 2\pi\frac{\alpha}{\eta}\varrho g(h_1 - h_0)\, r_0. \tag{5.198}$$

Eine andere wichtige Anwendung der schleichenden Strömung ist das *Widerstandsgesetz für umströmte Körper*, welches von STOKES für Kugeln durch die Auswertung der Gleichung (5.188) ermittelt wurde (vgl. z. B. WEIZEL 1963). Für die *Widerstandskraft* W ergab sich

$$W = 6\pi\eta v R, \tag{5.199}$$

die für REYNOLDS-Zahlen $\mathrm{Re} = \dfrac{vR}{\nu} < 0{,}5$ experimentell gut bestätigt ist.

Dieses Ergebnis findet Anwendung beim Berechnen der Sinkgeschwindigkeit von Kugeln in zähen Flüssigkeiten (Kugelfallviskosimeter), bei der Bewegung von Nebeltröpfchen in der Luft sowie Aerosolen. Schließlich sei noch erwähnt, daß das *Stokessche Widerstandsgesetz* eine der Voraussetzungen für die Bestimmung der *elektrischen Elementarladung* nach dem Versuch von MILLIKAN bildet (WESTPHAL 1953). Hierbei läßt man einige Tröpfchen, die zunächst ungeladen sind, sinken. Dabei besteht ein Gleichgewicht zwischen Schwerkraft, hydrostatischem Auftrieb und Strömungswiderstand, d. h.

$$\frac{4}{3}\,\pi r^3(\varrho_F - \varrho_{\text{Luft}})\,g - 6\pi\eta R v = 0\,. \qquad (5.200)$$

Dann ionisiert man die Tröpfchen durch RÖNTGEN-bestrahlung mit n Elementarladungen q und läßt sie durch die Wirkung eines elektrisches Feldes E, das der Schwerkraft der Teilchen entgegenwirkt, wieder aufsteigen. Die Gleichgewichtsbedingung lautet jetzt

$$nqE - \frac{4}{3}\,\pi R^3(\varrho_F - \varrho_{\text{Luft}})\,g - 6\pi\eta R v' = 0\,. \qquad (5.201)$$

Subtraktion beider Gleichungen liefert

$$nq = \frac{1}{E}\,6\pi\eta R(v' + v)\,. \qquad (5.202)$$

Da es sich hierbei nur um wenige Elementarladungen handelt, findet man die linke Seite von (5.202) stets als ein *ganzzahliges* Vielfaches der Elementarladung q. Die elektrische Feldstärke E und die Zähigkeit η sind durch die Versuchsbedingungen gegeben. Der Radius der Tröpfchen, die Sinkgeschwindigkeit v und die Aufstiegsgeschwindigkeit v' werden durch das Experiment bestimmt.

Literaturverzeichnis

Neben den im Text zitierten Arbeiten sind auch Hinweise für weiterführende Studien enthalten.

ALBRING, W.: Angewandte Strömungslehre, Verlag Theodor Steinkopf, Dresden 1970

BECKER, E., und W. BÜRGER: kontinuumsmechanik, BG Teubner, Stuttgart 1975.

BETZ, A.: Konforme Abbildung, Springer-Verlag, Berlin—Göttingen—Heidelberg 1948

BORCHARDT, E., und W. BORCHARDT: Grundriß der Mechanik deformierbarer Medien, Akademie-Verlag, Berlin 1971

BRAUN, K. TH.: Widerstand, Propulsion und Steuern, Schiffbautechnisches Handbuch, Bd. I Abschnitt 2, herausgegeben von W. HENSCHKE, Verlag Technik, Berlin 1966

BUDO, A.: Theoretische Mechanik, VEB Deutscher Verlag der Wissenschaften 1978

DÖRP, E.: Propeller bei voller Saugseitenkavitation und Wirbeltheorie des Propellers, Dissertation, Rostock 1971

FALKENHAGEN, H.: Klassische Hydrodynamik, Handbuch der Experimentalphysik Bd. 4.1 „Hydro- und Aerodynamik". Herausgeber L. Schiller, Akad. Verlagsgesellschaft, Leipzig 1931

FINK, K.: Grundlagen und Anwendungen des Dehnungsmeßstreifens, Verlag Stahleisen MBH, Düsseldorf 1952

FINK, K., und CHR. ROHRBACH: Handbuch der Spannungs- und Dehnungsmessung, VDI Verlag, Düsseldorf 1958

FLACHSBART, O.: Winddruck auf Gasbehälter, Ergebnisse der AVA IV. Lieferung (134—138) 1932

GILLBARG, D.: Jets and Cavities, Handbuch der Physik, herausgegeben von S. Flügge, Bd. IX „Strömungsmechanik III", Springer-Verlag, Berlin—Göttingen—Heidelberg 1960

GÖLDNER, H., u. Autorenkollektiv: Lehrbuch Höhere Festigkeitslehre, VEB Fachbuchverlag, Leipzig 1979.

HEINRICH, M.: Experimentelle Untersuchungen an Keilprofilen bei voller Kavitation, Dissertation, Rostock 1967

JOOS, G.: Lehrbuch der theoretischen Physik, Akad. Verlagsgesellschaft Geest & Portig KG, Leipzig 1959

KÄSTNER, S.: Vektoren, Tensoren, Spinoren, Akademie-Verlag, Berlin 1960

KAUFMANN, W.: Technische Hydro- und Aeromechanik, Springer-Verlag, Berlin—Göttingen—Heidelberg 1958

KLOTTER, K.: Technische Schwingungslehre, Bd. II, Springer-Verlag, Berlin—Göttingen—Heidelberg 1960

LANDAU, L. D., und E. M. LIFSCHITZ: Lehrbuch der Theoretischen Physik, Bd. VI „Hydrodynamik", Bd. VII „Elastizitätstheorie", Akademie-Verlag, Berlin 1966

LEUSCHNER, D.: Grundbegriffe der Thermodynamik, Wissenschaftliche Taschenbücher WTB, Akademie-Verlag, Berlin 1979

MADELUNG, E.: Die Mathematischen Hilfsmittel des Physikers, Springer-Verlag, Berlin—Göttingen—Heidelberg 1964

NAISMITH, I., und D. S. BERRY: The Classical Theory of Elasticity, Handbuch der Physik, herausgegeben von S. Flügge, Bd. VI „Elastizität und Plastizität", Springer-Verlag, Berlin—Göttingen—Heidelberg 1958

OSWATITSCH, K.: Gasdynamik, Springer-Verlag, Wien 1952

PRANDTL, L.: Führer durch die Strömungslehre, Friedrich Vieweg & Sohn, Braunschweig 1960

RIEGELS, F. W.: Aerodynamische Profile, R. Oldenburg, München 1958

RÜHS, F.: Funktionentheorie, VEB Deutscher Verlag der Wissenschaften, Berlin 1955

SCHÄFER, C., und M. PÄSLER: Einführung in die Theoretische Physik, W. de Gruyter-Verlag, Berlin 1970

SCHLICHTING, H.: Grenzschicht — Theorie, Verlag G. Braun, Karlsruhe 1965

SCHLICHTING, H., und E. TRUCKENBRODT: Aerodynamik des Flugzeuges, Bd. I, Springer-Verlag, Berlin—Göttingen—Heidelberg 1962

SCHMITZ, G.: Erprobung des Rundlaufkanals des Instituts für Strömungslehre, Wiss. Zeitschr. d. Universität Rostock, 13. Jahrgang, Math.-nat. Reihe, Heft 1, 1963

SEDOW, L. I.: Mechanika splosnoj sredy, Bd., 1, 2, Nauka Moskau 1973

SEGEL, LEE A.: Mathematics Applied to Continuum Mechanics, Macmillian Publishing Co Inc, N. York; Collier Macmillian Publishers, London 1977.

SKUDRZYK, E.: Die Grundlagen der Akustik, Springer-Verlag, Wien 1954

SMIRNOW, W. I.: Lehrgang der Höheren Mathematik, Bd. II, VEB Deutscher Verlag der Wissenschaften, Berlin 1955

SOMMERFELD, A.: Vorlesungen über theoretische Physik Bd. II „Mechanik der deformierbaren Medien", Akad. Verlagsgesellschaft, Leipzig 1957

STEPHANI, H., und G. KLUGE: Grundlagen der theoretischen Mechanik, VEB Deutscher Verlag der Wissenschaften, Berlin 1957

SZABO, J.: Einführung in die Technische Mechanik, Springer-Verlag, Berlin—Heidelberg—New York 1966

SZABO, J.: Höhere Technische Mechanik, Springer-Verlag, Berlin—Heidelberg—New York 1972

WEIZEL, W.: Lehrbuch der theoretischen Physik, Springer-Verlag, Berlin—Göttingen—Heidelberg 1963

WESTPHAL, W.: Physik, Springer-Verlag, Berlin—Göttingen—Heidelberg 1953

Sachverzeichnis

ISSN 0084-098X

Die Autoren

- entwickeln die Elastizitäts- und Strömungslehre aus einem einheitlichen Kalkül
- verbinden die mathematisch-physikalische Theorie mit zahlreichen technischen Problemstellungen
- behandeln Biegungstheorie, Wärme- und mechanische Spannungen, Saitenschwingungen sowie Schwingerketten in Matrizendarstellung
- widmen der Bernoullischen Gleichung, Durchfluß- und Strömungsmessungen, Potentialströmungen, dem aerodynamischen Auftrieb, der Ähnlichkeitsmechanik und Sickerströmungen besondere Aufmerksamkeit

WISSENSCHAFTLICHE TASCHENBÜCHER